這本書屬於：

．．．．．．．．．．．．．．．．．．．．．．．．．

新雅 · 知識館

給孩子的人體全百科

翻譯：羅睿琪

責任編輯：黃碧玲

美術設計：郭中文

出版：新雅文化事業有限公司

香港英皇道499號北角工業大廈18樓

電話：（852）2138 7998

傳真：（852）2597 4003

網址：http://www.sunya.com.hk

電郵：marketing@sunya.com.hk

發行：香港聯合書刊物流有限公司

香港荃灣德士古道220-248號荃灣工業中心16樓

電話：（852）2150 2100

傳真：（852）2407 3062

電郵：info@suplogistics.com.hk

版次：二○二三年十二月初版

ISBN:978-962-08-8248-7

Original Title: *My Very Important Human Body Encyclopedia:*
For Little Learners Who Want to Know About Their Bodies
Copyright © Dorling Kindersley Limited, 2023
A Penguin Random House Company

Traditional Chinese Edition © 2023 Sun Ya Publications (HK) Ltd.
18/F, North Point Industrial Building, 499 King's Road, Hong Kong
Published in Hong Kong SAR, China
Printed in China

For the curious
www.dk.com

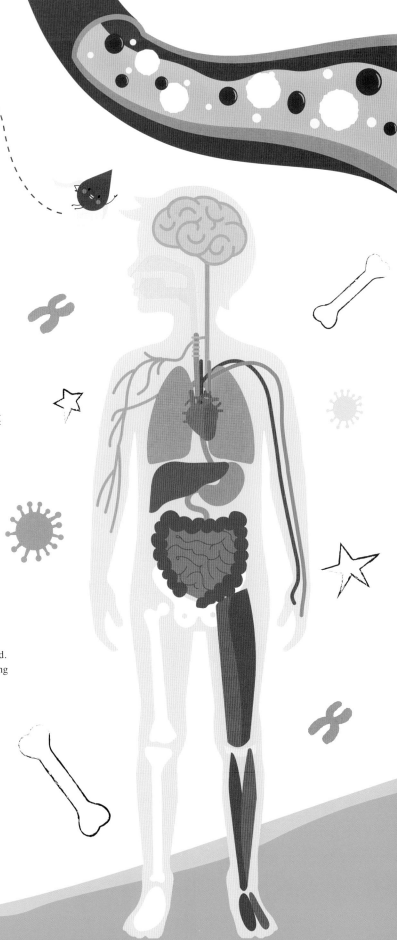

給孩子的人體全百科

新雅文化事業有限公司
www.sunya.com.hk

目錄

你的感官

身體怎麼了？

好好生活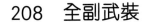

奇妙的旅程

記住：人體的圖像都是左右翻轉的，就像你正看着另外一個人。圖像的左邊就是你的右邊。

你眼中位於左邊的東西，位於這個人身體的右邊。

你眼中位於右邊的東西，位於這個人身體的左邊。

讓我們一起出發，展開**全面**的**人體之旅**！來從頭到腳仔細探索，穿越一層又一層的身體，在不同的系統之間到處遊走，然後中途停下來看看它們既奇異又美妙的運作。到了這趟旅程結束時，你對自己的認識將會變得截然不同！

人體暢遊

　　快來做好準備，我們要展開環繞全身的**人體**之旅！你將會從頭到腳，由裏到外，深入又詳盡地**探索**人體的奧妙。

細說人體

你的身體就是一部不可思議的**機器**，它**全年無休**地運作，讓你保持健康。不過你對人體的各個組成部分，還有運作原理又認識多少？讓我們一起探索……

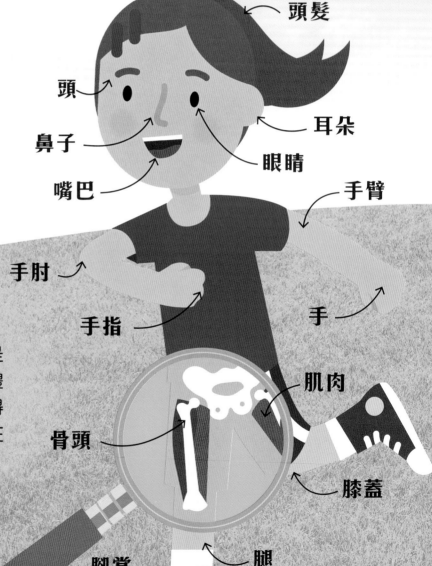

頭髮

頭

鼻子

嘴巴

耳朵

眼睛

手臂

手肘

手指

手

人體的外部

我們都知道身體的**外部**是怎樣的，不過要了解身體的**內部**或是心理便困難得多了，因為有太多事情在人體內同時進行。

肌肉

骨頭

膝蓋

腳掌

腿

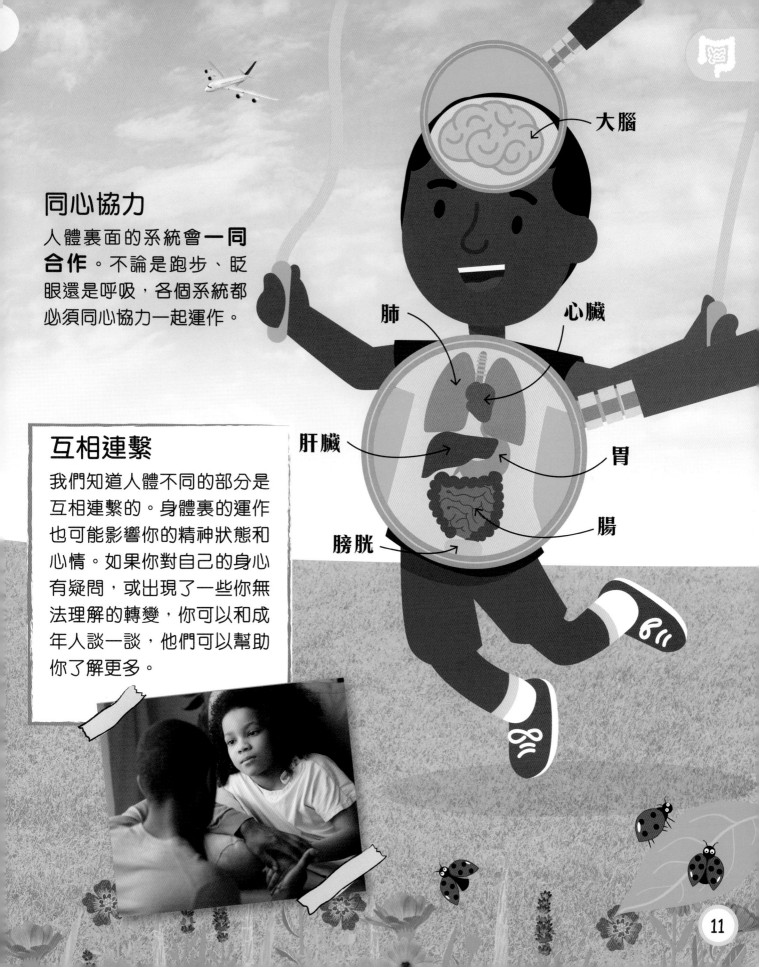

同心協力

人體裏面的系統會**一同合作**。不論是跑步、眨眼還是呼吸，各個系統都必須同心協力一起運作。

大腦

肺

心臟

肝臟

胃

腸

膀胱

互相連繫

我們知道人體不同的部分是互相連繫的。身體裏的運作也可能影響你的精神狀態和心情。如果你對自己的身心有疑問，或出現了一些你無法理解的轉變，你可以和成年人談一談，他們可以幫助你了解更多。

觀察身體內部

醫療科技發展一日千里，讓人能以不同方式觀察人體**內部**。這些方式有助我們了解身體裏正發生什麼事情。

如果你的肚子很痛，可能需要接受超聲波檢查了。

顯微鏡

這工具能將人體的微細樣本**放大**。這可以將**病菌**或**疾病**源頭鉅細無遺地展現出來。

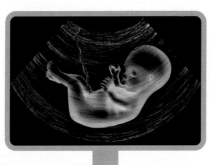

超聲波

這種掃描方式是利用聲波來描繪出人體的**圖像**。超聲波常常用來為未出生的嬰兒**檢查**身體。

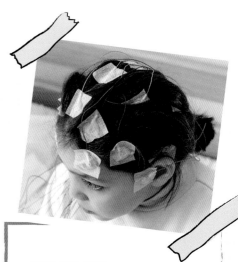

腦電圖

腦電圖（簡稱EEG）能藉由研究**腦內**的電流活動，**診斷**出不同的健康狀態。

好好生活

奇妙的旅程

記住：人體的圖像都是左右翻轉的，就像你正看着另外一個人。圖像的左邊就是你的右邊。

你眼中位於左邊的東西，位於這個人身體的右邊。

你眼中位於右邊的東西，位於這個人身體的左邊。

讓我們一起出發，展開**全面**的**人體之旅**！
來從頭到腳仔細探索，穿越一層又一層的身體，
在不同的系統之間到處遊走，然後中途停下來看
看它們既奇異又美妙的運作。到了
這趟旅程結束時，你對自己的認識
將會變得截然不同！

9

人體暢遊

　　快來做好準備，我們要展開環繞全身的**人體**之旅！你將會從頭到腳，由裏到外，深入又詳盡地**探索**人體的奧妙。

細說人體

你的身體就是一部不可思議的**機器**，它**全年無休**地運作，讓你保持健康。不過你對人體的各個組成部分，還有運作原理又認識多少？讓我們一起探索……

人體的外部

我們都知道身體的**外部**是怎樣的，不過要了解身體的**內部**或是心理便困難得多了，因為有太多事情在人體內同時進行。

頭髮

頭

鼻子

嘴巴

眼睛

耳朵

手臂

手肘

手指

手

肌肉

骨頭

膝蓋

腳掌

腿

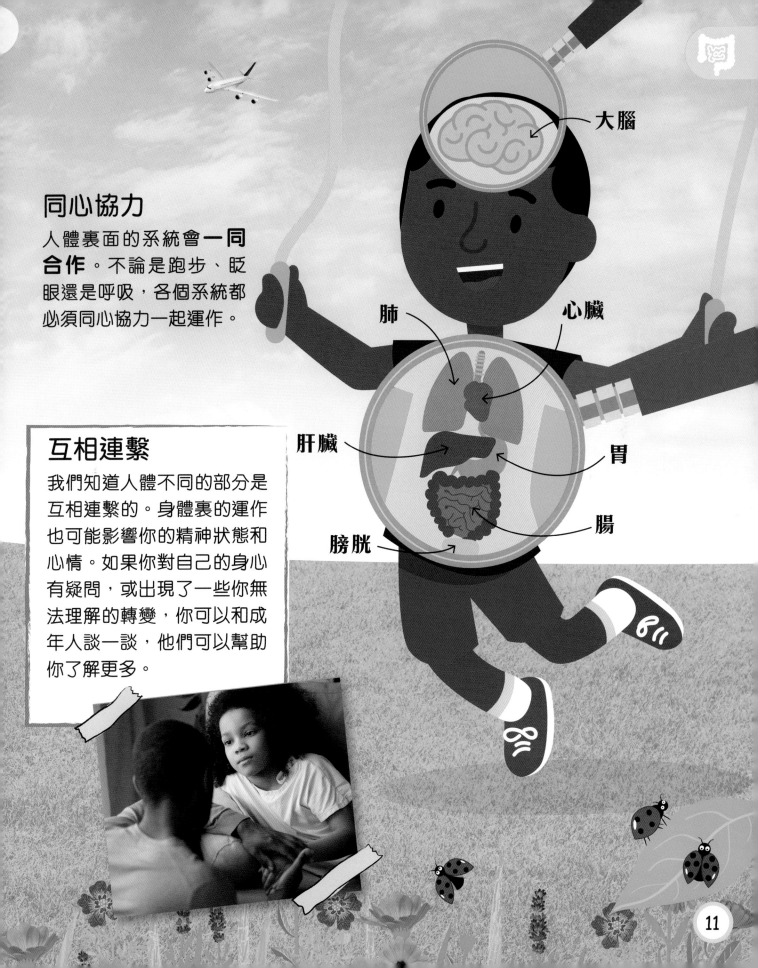

同心協力

人體裏面的系統會**一同合作**。不論是跑步、眨眼還是呼吸，各個系統都必須同心協力一起運作。

互相連繫

我們知道人體不同的部分是互相連繫的。身體裏的運作也可能影響你的精神狀態和心情。如果你對自己的身心有疑問，或出現了一些你無法理解的轉變，你可以和成年人談一談，他們可以幫助你了解更多。

大腦

肺

心臟

肝臟

胃

腸

膀胱

觀察身體**內部**

醫療科技發展一日千里，讓人能以不同方式觀察人體**內部**。這些方式有助我們了解身體裏正發生什麼事情。

如果你的肚子很痛，可能需要接受超聲波檢查了。

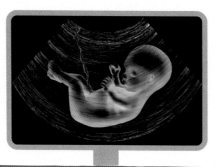

顯微鏡

這工具能將人體的微細樣本**放大**。這可以將**病菌**或**疾病**源頭鉅細無遺地展現出來。

超聲波

這種掃描方式是利用聲波來描繪出人體的**圖像**。超聲波常常用來為未出生的嬰兒**檢查**身體。

腦電圖

腦電圖（簡稱EEG）能藉由研究**腦內**的電流活動，**診斷**出不同的健康狀態。

每年人們拍攝
的X光片超過
35億張。

磁力共振掃描

磁力共振掃描（MRI）利用**磁力**和**無線電波**來掃描人體，特別是腦部。這方法能夠探測到腦部有否受損。

X光

X光機能夠拍攝人體內堅硬的部分。這有助醫生看見**骨折**的位置，還可以幫助牙醫找出牙齒**蛀蝕**的地方。

血管造影

採用這種掃描方式時需要先將一種**醫療染料**注射進**血管**。血管通常無法在X光片中出現，這些染料能讓血管顯現出來。醫生便能檢查血管有沒有問題。

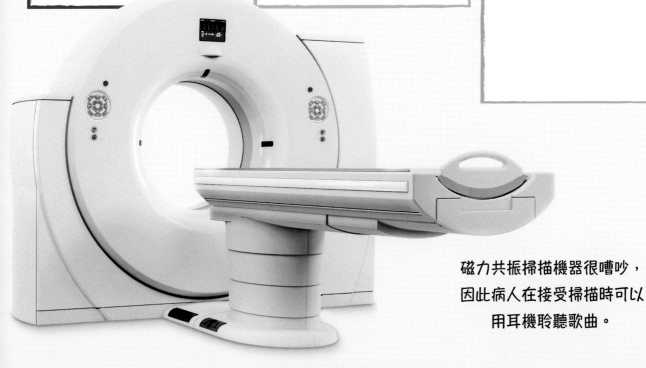

磁力共振掃描機器很嘈吵，
因此病人在接受掃描時可以
用耳機聆聽歌曲。

層層人體

你能看見的身體層次，就只有最外層的**皮膚**。在皮膚下面還有許多不同的**分層**！

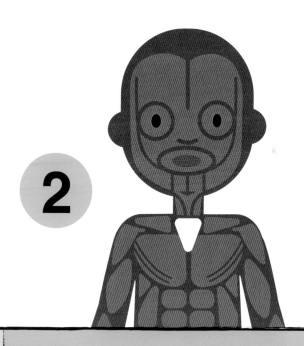

皮膚是人體中**最大**的器官。

在古代，漢字「肌」本義是指人的肉，而「肉」是指鳥獸的肉。

皮膚

這個龐大的器官保護我們免受外界傷害，從頭到腳完整地包裹着身體。皮膚肩負了許多任務，包括擔任屏障，好讓病菌無法進入身體；皮膚也有助保持穩定的體溫。

肌肉

皮膚底下是大量的肌肉。它們能讓身體以不同方式移動，如步行、伸展和哈哈大笑。肌肉也有助其他身體部分完成它們的工作，例如輸送血液到身體各處。

控制中心

大腦在幕後負責人體的所有運作。大腦會處理來自身體各部分的資訊，並控制好每一件發生的事情。如果身體裏有一部分停止運作，那可能是大腦出了問題。大腦健康真的很重要，因此當你踏單車或玩滑板車時，必須戴上頭盔。

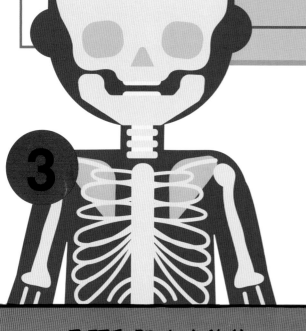

3

4

骨頭和肌肉大約佔身體重量的一半。

科學家對於人體裏有多少器官，持有不同意見！

骨頭

沒有骨骼，身體會垮掉、變成一堆軟乎乎的東西。在皮膚與肌肉之下，堅硬的骨頭形成了身體的結構，讓身體維持形態之餘，同時仍可以活動自如。

器官

身體裏充滿了「器官」，每個器官都負責了一項特殊的任務。器官包括了大腦、肺、肝臟、胃，還有腸臟。器官讓人類能夠存活下去。

全系統運作！

你的身體裏有許多不同系統在運作。每一個系統都有各自的任務要完成，不過它們也會與其他系統並肩作戰呢。

超級系統

器官是擁有特殊功能的**身體部分**，**大腦**、**心臟**和**肺**全都是**器官**。當不同的器官在身體裏一起工作時，便組成了一個系統。人體裏共有**12個系統**。

神經系統

大腦與數以十億計的神經細胞組成了神經系統。這系統會處理來自各個感官的資訊，並控制我們的動作與反應。

肌肉系統

它讓身體能夠移動。人體裏有不同種類的肌肉，不過大部分都是與骨頭連接着的柔韌肌肉。

外皮系統

這系統包含了皮膚、毛髮和指甲，它們一起組成了身體的外層，並保護身體裏面所有系統。

骨骼系統

人體裏的206塊骨頭組成了骨骼系統。它們一起組成身體的體形，讓身體能夠移動，還保護內部器官。

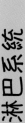

淋巴系統

它負責清理一種名為淋巴液的液體，以平衡體液的水平。它也會運送血球去對抗感染。

消化系統

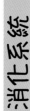

消化系統由嘴巴開始，一路延伸到屁股。系統裏的器官會去除食物中的液體，處理食物以獲取能量，並將廢物排出，變成糞便。

內分泌系統

荷爾蒙是由內分泌系統製造的化學信使，它傳達化學信息到身體各處，有助器官知道應該做什麼。人體大約有50種荷爾蒙，控制生長、睡眠等活動。

生殖系統

女性

男性

男性和女性的生殖器官不相同，需要來自男女雙方的身體部分。嬰兒出生前會在女性的生殖系統裏發育生長。

呼吸系統

肺部和周邊的氣道形成了呼吸系統。它們透過呼吸空氣來讓人類生存。

泌尿系統

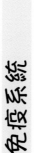

泌尿系統運用腎臟來產生尿液（小便），尿液儲存在膀胱裏，當膀胱盛滿了，便是時候去洗手間了！

免疫系統

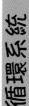

這個系統利用器官的網絡來保護身體免受有害的病菌侵害，並會對抗疾病和感染。

循環系統

心臟、血液和血管構成了循環系統：將血液裏的氧氣輸送至全身，並將廢物如二氧化碳帶走。

我由什麼組成？

人體裏含有大量混合在一起的物質，當中有許多不同的成分，包括大量的**水**，甚至還有**少量黃金**呢。

身體內有超過一半成分是水。

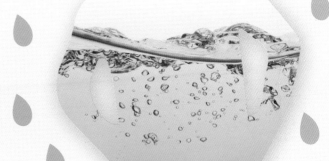

水的含量

初生嬰兒的身體有75%是水，不過到**成年**後，水的比例便會減少至大約60%。因為肌肉的水分比脂肪多，而**年長的人**身體**較少肌肉**。

升升降降

食物與飲品都含有水分，因此當你進食和喝飲料時，體內**水含量**便會**上升**。流汗、小便和呼氣都會有水分流失，水含量便會下降。

沒有食物，你仍可以生存約3星期。不過

主要成分

除了**水**以外，人體還以**大量其他物質**組成。以下是其中一些成分：

65% 是氧
氧存在於水中。人體裏含有大量水分，這意味着人體裏也有大量的氧。

18 % 是碳
鉛筆的筆芯由碳製成。你身體裏的碳，足以製造出10,000枝鉛筆！

追蹤黃金

你的身體裏也含有黃金！不過你永遠不會找到它們，因為它們的重量**比一粒沙還要輕**，並在你的血液裏漂浮。我們需要提取40,000人身體裏的黃金，才能製作出一枚金戒指！

10% 是氫
氫存在於人體許多化學物質之中，包括水。氫是宇宙裏最常見的元素。

3% 是氮

氮也是某些炸藥的重要成分！

沒有水的話，你的身體只能支撐3天。

構成人體的「積木」

人體是由一些**極微小的細胞**組成，它們細小得肉眼無法看見。就像砌積木一樣，許多微小的細胞會結合在一起，形成各種大型結構。

組織

有相同功能的細胞會**成羣結隊**形成組織。它們足以用肉眼看見，**骨頭**、**肌肉**和**血液**都是人體組織。

微小的細胞

人體裏**最細小的結構**就是細胞，我們只能在顯微鏡下看見它們。人體裏有**超過200種細胞**，例如骨細胞。隨着你身體成長，你的細胞也會**更新**，也有更多細胞生產出來。

骨細胞

血球

肌肉細胞

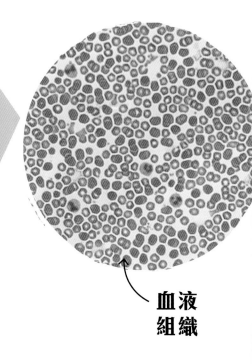

血液組織

成年人類的身體裏

重要器官

兩種或以上的組織會組成人體裏**更大的結構**，這稱為器官。這些器官，例如**大腦、心臟**和**肺部**等，都是12個身體系統的關鍵部分。它們對生存來說不可或缺。

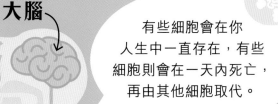

有些細胞會在你人生中一直存在，有些細胞則會在一天內死亡，再由其他細胞取代。

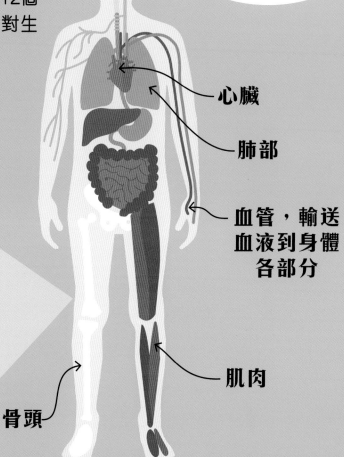

大腦

心臟

肺部

血管，輸送血液到身體各部分

肌肉

骨頭

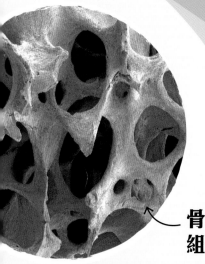

骨頭組織

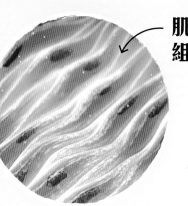

肌肉組織

專屬於你

細胞裏含有你的DNA──那是你專有的**化學密碼**。DNA是從你父母雙方的基因家族遺傳下來的資料，令你跟其他人都不一樣。

平均有37兆個細胞。

基因裏的秘密

　　基因是細胞中的**指令**。它們控制了身體的**外觀**、**運作方式**和**生長**，還讓你成為獨特的你！

每個人都擁有約20,000個不同的基因。

我是紅色頭髮的基因。

我是棕色頭髮的基因。

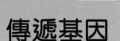

傳遞基因

兒童會從**親生父母**身上獲得自己的基因。這就是為什麼人們的樣子看起來往往和父母**相似**。人們也可能從他們的親生家族中遺傳各種天賦或其他特徵。

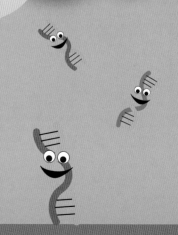

研究基因的科學稱為遺傳學。

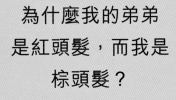
為什麼我的弟弟是紅頭髮，而我是棕頭髮？

為什麼我長得像我？

即使你的兄弟姐妹來自相同的父母，你也是**獨一無二的**。每次父母將他們的基因資料遺傳給子女時，這些資料都會以不同方式組合起來。

跳躍基因

美國科學家**芭芭拉・麥克林托克**（Barbara McClintock）**研究粟米**時，發現粟米的顏色會在不同的世代之間出現變化。某種顏色會出現在其中一代粟米中，然後消失一段時間，再在數代後的粟米再次出現。這種隔代遺傳的情況稱為**跳躍基因**，也會**發生在人類**身上。

祖母
鬈髮，需要
戴眼鏡

父親
直髮，不用
戴眼鏡

子女
鬈髮，需要
戴眼鏡

探究DNA

DNA（脫氧核糖核酸）是一種化學物質，它帶着**一組指令**，指示身體如何發育。DNA存在於人體最細小的部分——細胞裏面。

基因

DNA會在骨頭和牙齒裏遺留數千年。科學家可以研究古老的遺體，以了解更多他們在世時的情況。

細看DNA

DNA的**各個分節**稱為**基因**。基因是身體的資料，能影響生物的樣子和生長方式。

DNA 由兩條螺旋形的化學物質所組成，在顯微鏡下看，它有點像一把扭來扭去的梯子。

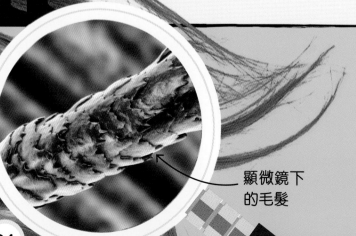

顯微鏡下的毛髮

犯罪現場

我們可以藉由DNA辨認人們的身分，因為DNA幾乎是**獨一無二**的。罪犯如在犯罪現場留下毛髮，會因毛髮中的**DNA痕跡**而被鎖定身分。

所有生物的細胞裏都有DNA。

85% 老鼠

80% 牛

70% 蛞蝓

我和這些生物擁有相同DNA的比例是……

90% 貓

蒼蠅 **60%**

和你最相近的動物親屬就是黑猩猩，牠們的DNA幾乎和你的一模一樣。

香蕉 **50%**

黑猩猩 **98%**

建構身體

科學家透過研究完整的人體DNA編碼，詳細列出了**建構人體**所需要的基因。這可以用於找出DNA的哪些部分與疾病有關。

同卵雙胞胎擁有相同的DNA。其他人都各自擁有獨特的DNA。

我們能一起玩耍

人類的身體可能出現不同問題或缺陷，或許會影響我們學習、玩耍，以及做日常的事。只要找到**新方法**去做不同的事情，我們便能繼續一起玩個痛快！

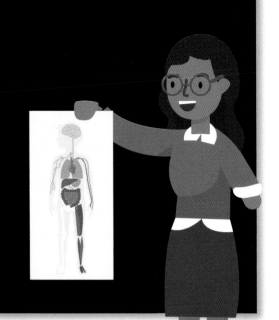

複雜的人體

人體裏充滿了許多複雜的部分，它們會**一起運作**。任何身體部分都有機會不如預期般運作，如果出現了這種情況，身體會作出反應，以有別於其他人的方式運作。

成長與改變

有些人基於身體殘疾而令學習變得較困難。有時這些問題早在出生時已經存在，也可能在日後逐漸浮現。殘疾有機會是由疾病或受傷所造成，有些問題不會長期出現，或時有時無。

外在差異

所有小朋友都不一樣，當然包括你！有些人要戴眼鏡來幫助看東西，有些人需要坐輪椅來協助移動。你能夠**看見這些差異**，因此較容易理解。

內在差異

也有許多我們**無法看見的差異**，因此較難去理解。有些人可能有某種障礙，令他們難以閱讀；肚子痛也是看不見的，但也許會影響你處理日常事務。

不論我們身體內在或外在發生了什麼事，我們都能夠善待彼此，找到一起愉快相處的方法。

試試為你最喜愛的遊戲改變規則，好讓所有人都能夠參與。

伸出援手

有些小朋友上學時需要成年人在課堂上提供更多協助，你也能夠幫忙想想有什麼方法，讓大家能夠一起玩同樣的遊戲。有時候我們只需要**稍稍改變遊戲規則**，就能讓所有人參與。

特殊技能

你的天賦是什麼？也許你在繪畫、踢足球或傾聽等方面表現出眾。我們都有擅長的事情，同時也有感到束手無策的時候。一起談談我們覺得容易或困難的事，可以是個與朋友增進了解的好方法呢！

成長之路

在人體的奇妙旅程中，我們會經歷不同的**生命階段**。這段旅程會持續一輩子！

人類在青春期長高得最多——能多達10厘米！

出生之前

胎兒會在子宮裏形成並慢慢長大。子宮是女性的生殖器官之一，會為胎兒供應食物與氧氣，直至胎兒約9個月大，準備出生。

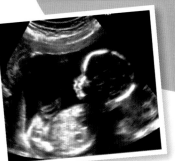

嬰兒時期

幼兒時期

兒童時期

青春期

嬰兒出生後需要完全依賴父母來存活。

2至3歲的幼兒非常活潑。他們的腦部正在發育，好讓他們能夠探索世界。

兒童在這個階段會迅速學習與長大。他們的乳齒會漸漸被恆齒取代。

青春期開始，身體會經歷多次急速成長，還會出現其他變化，逐漸變得像個成年人。

年長的人可能
出現視力和
聽力退化。

青年人的身體質素通常
處於最巔峯的狀態。

青年時期

中年時期

老年時期

在這個階段，人會變得更獨立。許多人都不再極度依賴家人，一般會找工作，自行賺錢過活。

大約40歲後，人們的皮膚開始不再光滑，皺紋也會出現。除非做適量的運動，否則肌肉也會慢慢變弱，連骨頭也會開始變得脆弱。

到了70歲，身體變得更脆弱了。脊椎會縮短，因此變得較以前矮小。皮膚可能較易出現瘀青，而骨頭也更容易折斷。大腦的記憶力大不如前，人們或會變得善忘。

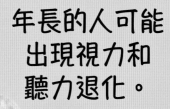

創造經典的長者

研究顯示，健康的生活方式有助你變得**長壽**。即使身體各部分會在年長時期開始衰退，但人們仍可以活力十足地生活。2013年，英國的一位農夫福雅·辛格（Fauja Singh）以**102歲**之高齡跑了42公里，完成一場馬拉松賽事。

荷爾蒙真有用

荷爾蒙是在身體各處產生的**化學信使**，是傳達信息的化學物質。它們只有很少量，但卻影響及**管理**着數以百計的**身體運作過程**，從如何處理食物，以至如何生長，都受荷爾蒙影響。

> 我在幫助細胞利用血糖產生能量。

荷爾蒙

涵蓋全身的系統

人體的內分泌系統是由身體不同部分的細胞羣所組成，這些細胞羣稱為**腺體**。每個腺體都會製造獨特的荷爾蒙。荷爾蒙會隨**血液**到處**流動**，並以特定的身體部分為目標，協助它們改變或發育。

當荷爾蒙找到目標細胞並改變它時，也可能影響人們的情緒。有些荷爾蒙會令青少年出現情緒波動，並感受到更極端的情緒。

> 我協助身體去決定面對壓力與受驚時的反應和行為。

保持平衡

有時身體分泌過多或過少荷爾蒙，會導致身體出現**不同反應**。人們可以服用藥物來**平衡**荷爾蒙水平。

腺體指南

大部分荷爾蒙都是在**大腦**、**頸部**和**肚子**裏的腺體中產生的。這些腺體只要被觸發，例如身體裏出現改變或某些信號時，便會**釋出荷爾蒙**。

松果體

大腦

腦下垂體

松果體
產生荷爾蒙，幫助人們維持睡眠周期。

腦下垂體
有時候也被稱為主腺，有助控制其他腺體。

甲狀腺
釋出荷爾蒙來控制身體的新陳代謝（即細胞使用氧氣的速度）。

甲狀腺

心臟

腎上腺

胃部

胰臟

心臟
產生荷爾蒙來控制血壓。

胰臟
製造荷爾蒙來維持血液中的糖分水平。

腸道

腎上腺
製造荷爾蒙來維持血壓，並在驚人的事情發生時，讓身體準備如何應對。

胃部與腸道
釋出荷爾蒙來告知身體什麼時候需要進食，並協助消化食物。

我能活多久？

　　沒有人確實知道自己會生存多久，不過全賴**醫學技術發展**，還有**較健康**的生活方式，許多人都活得比以前的人更久。

70歲

更長的壽命

人類平均壽命大約是**70歲**。大約200年前，約一半的新生嬰兒只能活到5歲。時至今日，超過**97%**的新生嬰兒能夠活過5歲。

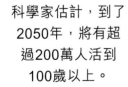

科學家估計，到了2050年，將有超過200萬人活到100歲以上。

良好生活

相比以前的人類，現今人類能**活得更久**，因為我們擁有較清潔的食水、較優質的食物、較安全的家園，還有較好的醫療護理。

你也可以透過維持健康飲食、定期運動，還有充足睡眠來讓自己活得更久。醫生也建議人們應保持心平氣和，避免壓力。

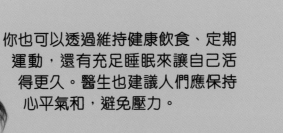

動物王國有些成員能夠生存數百甚至數千年！

11,000年

507年

北極蛤是已知最長壽的動物。

古代深海海綿是已知最長壽的生物。

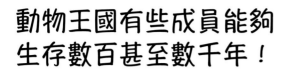

200年
弓頭鯨是已知最長壽的哺乳類動物。

392年
小頭睡鯊是有脊椎動物之中已知最長壽的。

1日
蜉蝣存活的時間最短——只有一天。

重大的生日

來自法國的**讓娜・卡爾芒**（Jeanne Calment）擁有史上最年老長者的紀錄。她活了**122歲**又164日。

大部分生物成長後體型會變得更大，不過，奇異多指節蛙卻會變得更小！牠仍是蝌蚪時，體型要比發育完全並成熟的青蛙更大。

獨一無二的人類

動物王國裏充滿了古怪又奇妙的動物，牠們擁有人類沒有的特殊感官和技能。不過，有些事情也是**只有人類身體**才能做到的呢！

面對各種轉變

所有動物經過不同世代都會演變，以**適應**周遭的環境。**鳥類**發展出有羽毛的翅膀來飛行，或是以有蹼的雙腳來游泳。**人類**也有一些演變是其他動物所沒有的。

人類的脊椎有彎曲的部分，有助移動時保持平衡。

與其他動物的拇指相比，人類的拇指能牢固地抓住物件，並輕鬆、自如地移動。

人類能找出富有想像力與創意的方法來解決問題，這全賴我們大大的腦部！

長期年輕

許多動物從出生開始便要學習**生存技能**，例如在沒有任何幫助下尋找食物。不過**人類嬰兒**則非常依賴他人，人類的腦部要到大約25歲左右才算**完全發育**。

初生的動物通常馬上就要懂得跑動，以逃避捕食者的追捕。

寫下來

許多動物以聲音或身體語言來**溝通**，只有人類能夠透過**書寫共同語言**來溝通。

我用樹枝製作出一個小鈎來捕捉昆蟲！

升空！

許多動物離開家園，只為了尋找食物、棲身之所或較溫暖的天氣。人類擁有比大部分動物**更大的腦部**，所以他們能夠發明**新技術**前往世界各地，還能**一飛沖天**前往太空！

人們曾經認為人類是唯一能製作工具的動物。不過許多動物，例如猴子、水獺和烏鴉，也會利用工具來尋找食物或打開硬物。

終極生存者

人體如果失去了**水**、**食物**或**睡眠**等**必需品**，便無法長久存活。不過有人則嘗試將自己推向**極限**——甚至成功超越限制！

沒有水

沒有水，人體只能存活數天。1979年，奧地利人**安德烈亞斯·米哈韋茨**（Andreas Mihavecz）熬過沒喝水的**18天**，打破了紀錄。他當時被錯誤拘捕入獄，而負責的警員忘記了向他提供食水。

我只能忍受不吃薄餅數天！

沒有食物

蘇格蘭人**安格斯·巴比里**（Angus Barbieri）曾經只依靠水、茶、咖啡和維他命而存活超過一年，完全不進食固體食物。1965年起，他不吃東西**382天**，並減了133公斤（約293磅）。

沒有氧氣

2012年，丹麥自由潛水員**史迪·施雲生**（Stig Severinsen）曾在水中閉氣長達**22分鐘**。

沒有重力

1995年，俄羅斯太空人**瓦列里·波利亞科夫**（Valeri Polyakov）在**太空**生活了**437天**。這是人類在沒有重力下，單次停留於太空，生存時間最長的世界紀錄。

警告！

切勿嘗試在家中打破這些紀錄。這些行為會**傷害身體**，並導致身體永久損害。

沒有睡眠

1965年，美國少年**蘭迪·加德納**（Randy Gardner）保持清醒，不睡覺**11天**。不過，他之後出現說話含糊不清、情緒波動等情況，亦有喪失記憶的問題。

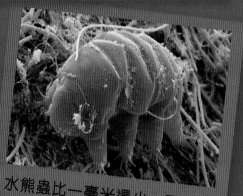

水熊蟲比一毫米還小，不過牠們可是最厲害的生存者。水熊蟲能夠在炙人的炎熱環境，或刺骨的寒冷空間之中生存，還能不喝水而存活10年，甚至能夠在太空生存！

認識人體真相

許多地方都有一些關於人體的**有趣說法**。
不過它們真的正確嗎？讓我們一起來分辨它們**是真是假……**

每日一蘋果，醫生遠離我。

研究發現吃較多蘋果的人確實較少去看醫生。不過**最好的飲食**應包括大量**不同種類**的水果和蔬菜。

正確

吃菠菜能讓你肌肉發達。

菠菜富含維他命，不過任何**綠葉蔬菜**都能令你身體強壯，並讓你的腦部與心臟保持健康。

正確

假如你擁有一頭鬈髮，那便代表你的親生父母最少其中一方將鬈髮的基因遺傳了給你。

吃麵包皮讓你的頭髮變曲。

不論你有沒有吃掉麵包皮，你的頭髮看起來都不會有任何分別。不過**浪費食物**會破壞環境，所以快把麵包皮統統吃掉吧！

錯誤

要是吞下了蘋果核，肚子裏便會長出一棵蘋果樹。

錯誤

別擔心！你的肚子裏**沒有陽光**，而**胃酸**對種子來說也太刺激，無法讓樹木生長。真幸運！

我們只使用了腦部的10%。

錯誤！腦部掃描顯示大腦的**所有區域**都能運用到，大腦的許多不同部分更會同時工作。

錯誤

紅蘿蔔能幫助你在黑暗中看東西

多咬咬紅蘿蔔吧，因為這個說法有部分是正確的。紅蘿蔔裏的**維他命A**有助保持眼睛**健康**，也能改善夜間視力。

正確

人們着涼了便會感冒。

冰冷的空氣可能令人鼻水長流，不過，只有**感冒病毒**才會真正引起感冒。

錯誤

別輕易相信你聽說的所有事情！

人體的結構

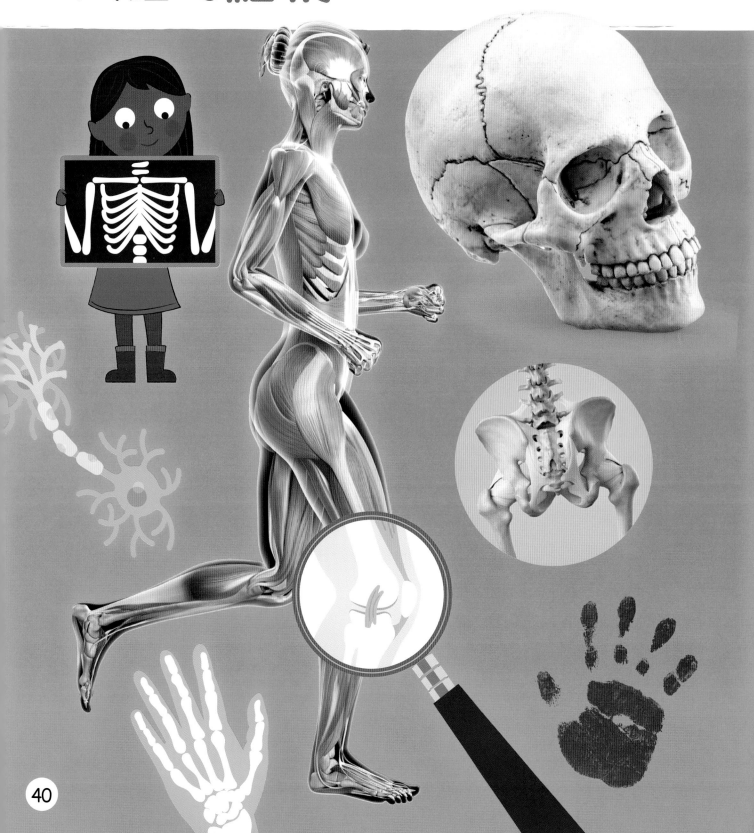

　　許多身體部分都是柔軟和黏乎乎的，那你怎樣才可穩固地站立？是**骨骼**在幫忙！沒有了這個超級堅固的結構，你的身體便會變成一團癱倒在地上的東西！骨頭會維持身體的**形狀**，**保護**身體的重要部分，並與肌肉互相合作，讓身體**移動**。

非凡的X光

由**威廉・倫琴**（Wilhelm Röntgen）發現的**隱形X光**以嶄新的方式，**展現**人們身體裏的骨頭。

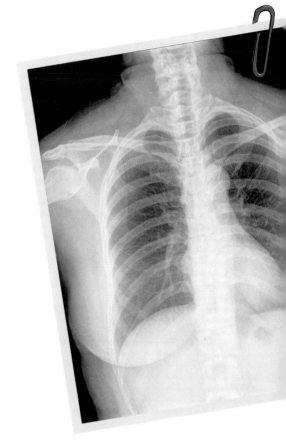

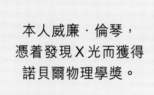

本人威廉・倫琴，憑着發現X光而獲得諾貝爾物理學獎。

綠色的光

1895年，德國物理學家**威廉・倫琴**在研究光射線，他在部分儀器上發現了一些**綠光**。這是一種他稱之為「**X光**」的**看不見的射線**。

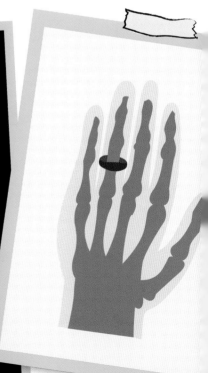

醫學奇跡

發現X光對醫療科學來說十分重要。X光讓醫生能夠找到**骨頭折損**的地方，也讓牙醫能夠看到**牙齒**出現的問題。現時，每年拍攝醫療用的X光片超過30億張。

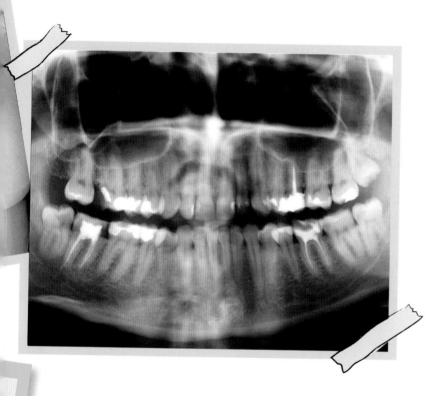

X光的原理

X光能穿透身體的軟組織，但會被堅硬的部分擋住。因骨頭和牙齒是身體最堅硬的部分，照射X光時，射線被它們擋住，影像便會出現。

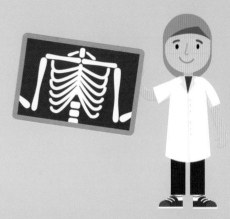

圖中的黑色部分就是X光沒有被阻擋的地方。骨頭和牙齒的影像投射在菲林上，讓醫生可仔細研究。

X光魚

這尾小魚來自南美洲，牠看上去彷彿被X光照射着。牠擁有一身透明的皮膚，展現出瘦削的骨架。這有助牠在游泳時不會被又大又餓的魚發現！

便利的工具

倫琴發現X光能夠**穿透皮膚**，並在拍攝出來的菲林上顯示出**骨頭**。他以妻子的手拍攝了史上第一張**X光影像**。這張圖展示了妻子的手骨，還有結婚戒指！

超級骨骼

骨骼**支撐**着整個身體，並塑造它的**形態**。骨骼構成了一個堅固的支架，保護重要的器官，並與肌肉合作，協助身體移動。

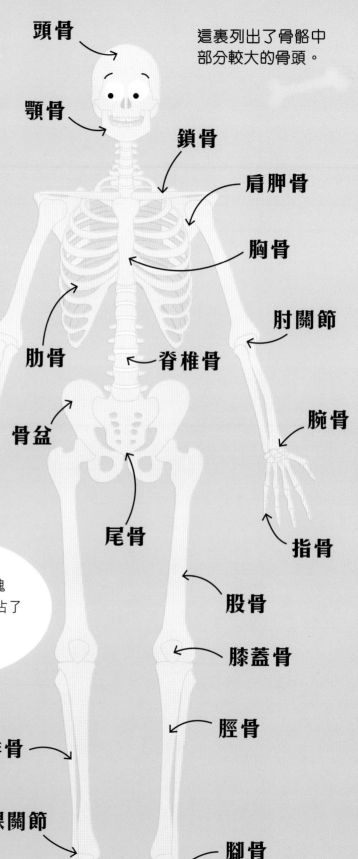

這裏列出了骨骼中部分較大的骨頭。

頭骨

顎骨

鎖骨

肩胛骨

胸骨

肘關節

腕骨

指骨

股骨

膝蓋骨

脛骨

腳骨

踝關節

腓骨

尾骨

骨盆

脊椎骨

肋骨

你總共有206塊骨頭。它們大約佔了體重的15%。

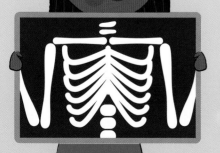

內骨骼

它位於**身體內**。哺乳類、爬行類、鳥類和魚類都有內骨骼。大部分內骨骼都是由硬骨組成,不過鯊魚和魟魚的內骨骼由軟骨組成。

長頸鹿

內骨骼會隨着動物成長而變大。

大象

外骨骼

這是位於**身體外**的堅硬保護層。它們由礦物質和堅韌而有彈性的蛋白質組成。擁有外骨骼的動物包括瓢蟲和螃蟹等。

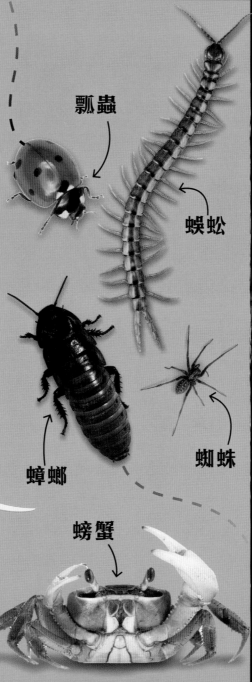

瓢蟲

蜈蚣

蟑螂

蜘蛛

螃蟹

仿生身體

身體有障礙的人可以利用**機械外骨骼**來幫助他們。這裝備設有電源,能夠矯正人們姿勢,並協助移動。

機械外骨骼能夠用於全身⋯⋯

⋯⋯又或者應用在身體其中一部分,如一條腿。

我能長多高？

身高是指人**由頭量度至腳底**的高度。有些家庭的成員全是高個子，有些家庭成員則不算高。我們一起來找出是什麼影響身高吧。

家族基因

由親生父母遺傳的基因，是決定長多高的重要因素。如果父母都是高個子，子女也很可能長得較高呢。

吃得好，長得好

進食健康又有營養的食物，對於良好發育是很重要的。食物中的維他命與礦物質有助骨頭和肌肉發育，飲食不良往往令人生長得較慢。

快高長大

早上好像長得比較高？那是真的！人們躺下時，脊椎會伸直，而脊椎間的圓盤會鼓起，令人在早上起來時變得較高。

對抗重力

太空人在太空長得更高。因太空沒有重力（一種將我們往下拉的力），意味着太空人的脊椎會拉長。他們回到地球時，會比出發時更高！

令人頭暈的身高

長頸鹿是世界上最高的動物。雄性長頸鹿能夠生長至5.5米——比成年男性的平均身高還要高3倍！

腺體有問題

人們的身高受潛在的基因影響，良好飲食與健康的生活習慣能更有效幫助長高。不過，有時候腺體或其他問題也會令人變得特別高大或矮小。

紀錄保持者

美國人羅伯特·瓦德羅（Robert Wadlow，1918年-1940年）是歷來長得最高的人。他的身高是2.7米——約等於長頸鹿的一半身高。

堅固的頭骨

它由**22塊骨頭**組成，保護着大腦和感覺器官，例如耳朵。

頭骨有點像拼圖，每塊骨需要拼在一起才能發揮功用。

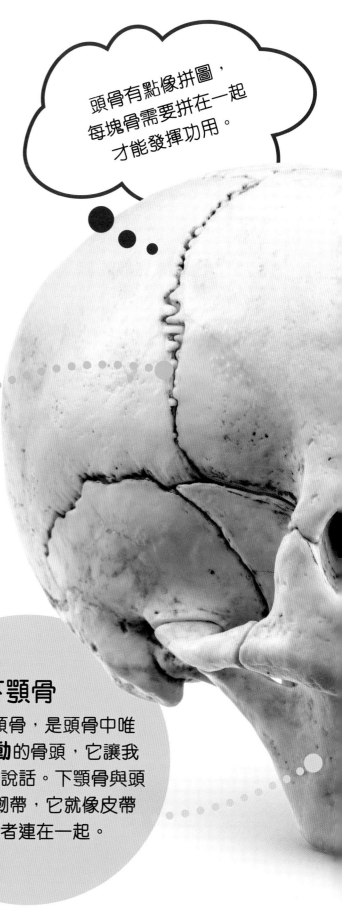

互相連接

頭顱內的骨頭會在人類約2歲時連接在一起。在此之前，大腦有**很多空間生長**。

下顎骨

它又稱下頜骨，是頭骨中唯一能夠**活動**的骨頭，它讓我們能進食和說話。下顎骨與頭骨之間有韌帶，它就像皮帶般讓兩者連在一起。

腦膜

在皮膚與腦部之間有3層**薄薄的組織**，稱為腦膜（分為硬腦膜，蛛網膜和軟腦膜）。這些組織有助保護腦部。

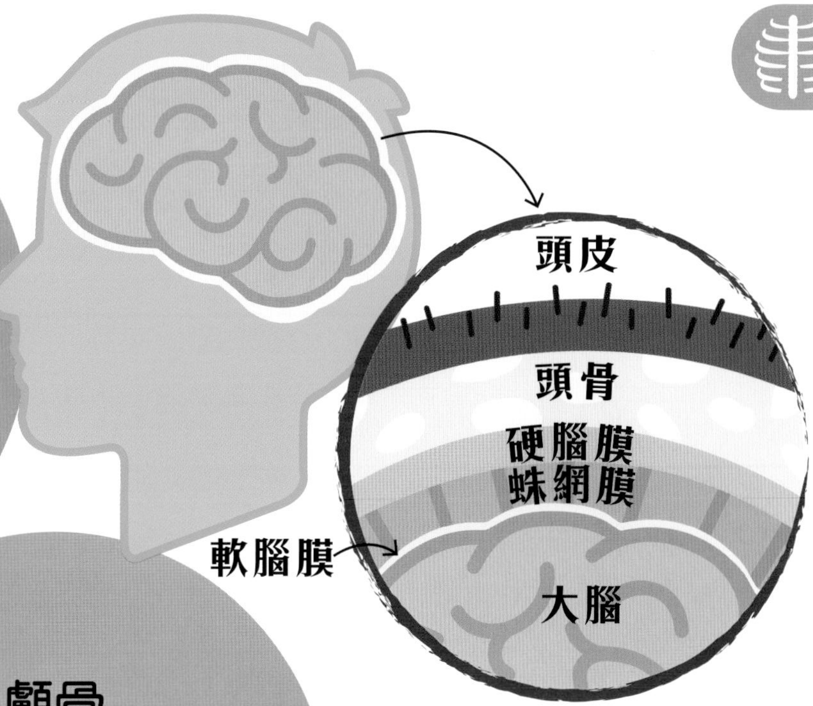

頭皮

頭骨

硬腦膜

蛛網膜

軟腦膜

大腦

顱骨

它由8塊骨頭組成，就像一個**頭盔**。如果人們撞到頭部，顱骨便能夠保護腦袋。

鼻竇

頭骨裏有一些充滿空氣的空腔，它們位於顴骨和額頭的後面，能**減輕頭骨重量**。

顏面骨

面部的骨頭由14塊骨頭組成。它們**塑造面部的形狀**，並保護重要的器官，例如眼睛。

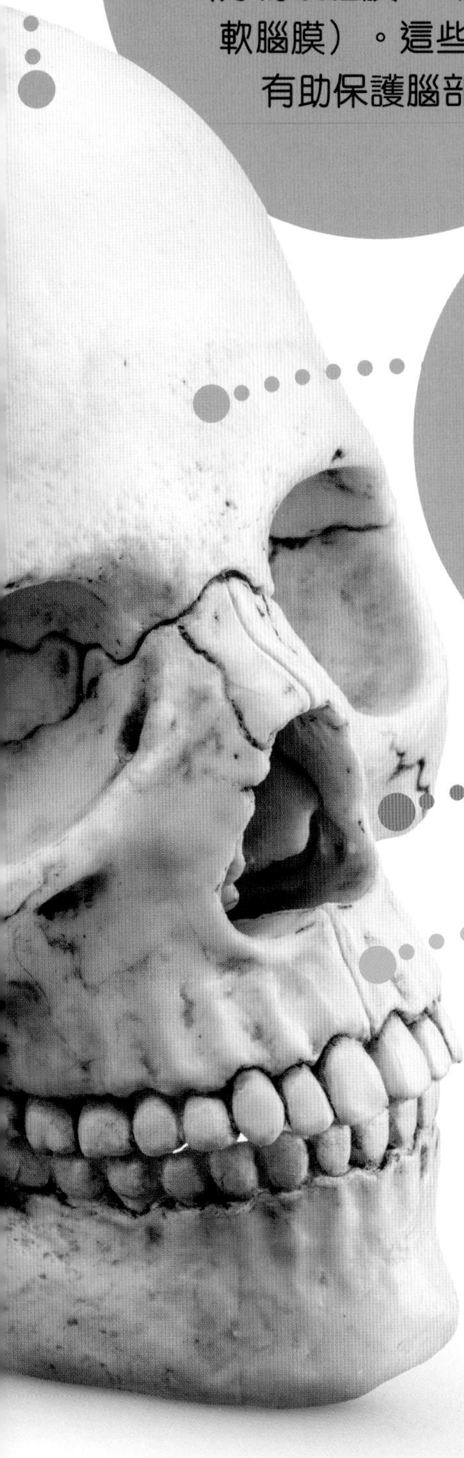

出色的**骨頭**

　　骨頭看起來堅固不動，但它們會生長並改變形狀。它們是**活生生的組織**，保護着器官，支撐着身體形狀，並幫助我們移動。

骨頭由什麼組成？

骨頭的重量
骨頭大概佔體重的15%。它們由強韌的纖維（稱為骨膠原），以及鈣質等礦物質組成的。

海綿骨
它裏頭全是小孔，但是很堅硬，並不是軟綿綿的。因為血管和神經會穿過海綿骨的孔，所以骨頭斷裂時會很疼痛！

密質骨
它在骨頭的外面，與肌肉連在一起。它是超級堅固的。

密質骨

紅骨髓
存在於海綿骨裏，它含有製造血液的幹細胞。

紅骨髓
黃骨髓

骨元

骨元
在密質骨裏有一種特殊的結構，名叫骨元。它會包裹住骨頭中央有着血管和神經的空間。

黃骨髓
它由脂肪細胞組成。兒童在5到7歲為止，身體還擁有紅骨髓，之後有很大部分都會被黃骨髓取代。

骨頭生長
我們的骨頭有差異，那是很正常的。骨頭也可能長成與標準不同的模樣。

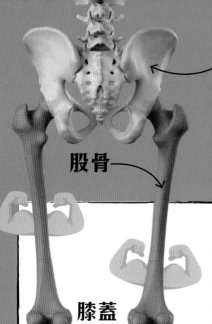

髖骨

股骨

膝蓋

來深入學習這些知識……

最堅固的骨頭

股骨（即大腿骨）是人體中最堅固，而且最長的骨頭。它連接着臀部與膝蓋。

這是一條位置長得很接近骨頭的神經。有時候撞到手肘，會有酥麻的感覺！

尺神經

哎呀！

有多少骨頭？

嬰兒出生時有300塊骨頭，不過成年人只有206塊骨頭。人出生後，許多骨頭會逐漸連在一起。尾骨最初是5塊分開的骨頭，隨着時間過去而漸漸融合成一塊！

重要的骨頭

組成脊椎的骨頭牢固地連結在一起，能讓身體向不同方向彎曲並保護着脊髓，脊髓能將腦部和軀幹連接起來。

脊椎

脊髓

人體超過一半的骨頭都位於雙手和雙腳。

強韌的組織

細胞是人體裏**最細小的結構**。肉眼無法看見它們，不過它們會**聚集**成可見的**組織**。

皮膚細胞**染色**後，透過**顯微鏡**便能看見它們。

器官會互相合作，組成**器官系統**，例如循環系統。

肌肉等組織會連結在一起，形成**器官**。

器官系統會組成**生物**。那就是**你**！

血液和骨頭都是組織。

組織的種類

組織有4種基本種類。

肌肉組織

肌肉會收縮來使身體活動。我們能夠蹦蹦跳跳、躍起和坐下，全靠肌肉組織。

神經組織

神經會將信息從身體一部分傳到另一部分。信息能夠從小趾一直傳送到達腦部，都有賴於神經組織。

結締組織

它讓器官擁有特定形狀，並支撐着器官。皮膚的結締組織令它強韌而有彈性，好讓皮膚能夠保護你，也讓你能夠到處移動。

全面覆蓋

上皮組織從內到外保護人體，例如嘴巴和臉頰裏面的黏膜。

三頭肌放鬆

成雙成對的肌肉

肌肉會互相合作，令身體移動。一片肌肉收縮（變短），另一片肌肉便會放鬆（變長）。

二頭肌收縮

最小的肌肉在耳朵裏，名為鐙骨肌。

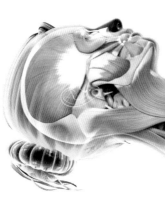

動一動

肌肉骨骼系統是由肌肉和骨骼組成的。**骨骼肌**（即與骨頭連接的肌肉）可令骨頭活動，這就是為什麼我們能夠讓身體動起來！

人體有3種不同的肌肉：骨骼肌、心肌和平滑肌。

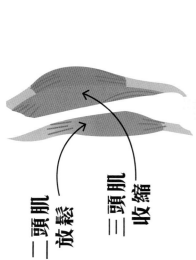

二頭肌放鬆

三頭肌收縮

臀大肌

最大的肌肉

人體最大、最強壯的肌肉，就是屁股的臀大肌。它讓身體保持直立和能夠步行。

肌肉共能產生身體約85%的熱力。

平滑肌存在於血管、眼睛和其他器官裏。

心肌只存在於心臟。

肌肉種類

除了骨骼肌，還有另外兩種肌肉——心肌和平滑肌。

運動可鍛煉肌肉，並讓它們維持良好形態。運動時較多血液會流到肌肉裏，有助它們生長，也能保持骨頭健康、堅固。

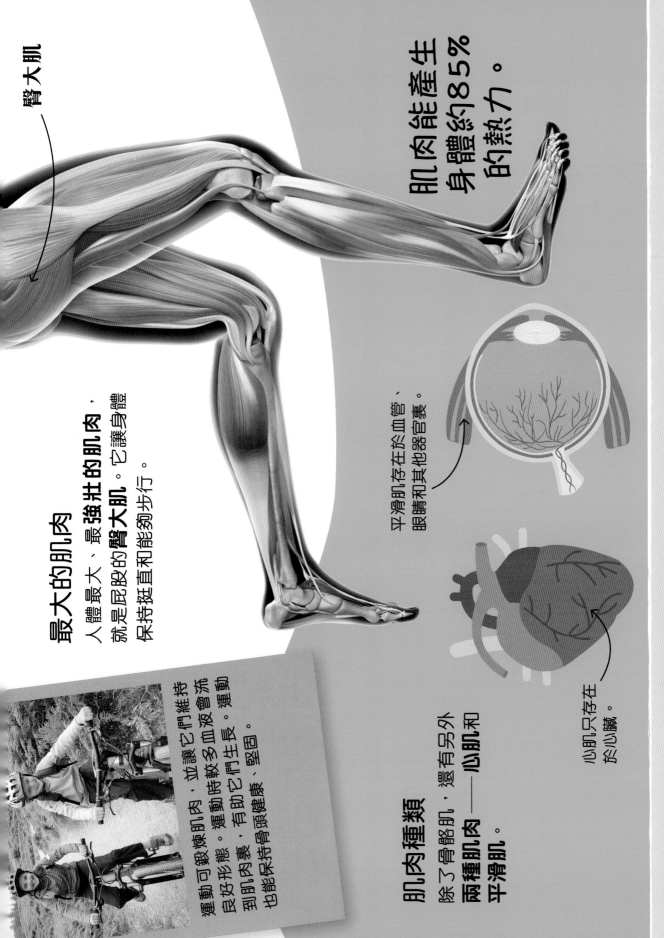

平滑肌和心肌是不隨意肌，代表了這些肌肉會自行收縮，而你不會知道！

我能**跳多高**？

你一身強而有力的**肌肉**和出色的**骨頭**在你活動時互相合作。不過人類能跳多高？動物王國裏的跳躍紀錄保持者又是誰？

動物的有趣動作

動物的身體會適應各自的生活環境和生活方式。有些動物會以跳躍來到處移動，有些動物則會忽然撲向獵物。

跳蚤能跳躍至自己身高150倍的高度——等同你去跳過一幢60層的大廈！

德國運動員雷姆穿上刀鋒狀的義肢參賽。

刀鋒跳遠好手

跳遠比賽中，參賽者要先助跑，後起跳，盡量落在沙池的遠方。2021年，運動員馬庫斯·雷姆（Markus Rehm）以8.62米的成績，創下殘疾人奧林匹克運動會的世界紀錄。

以高處為目標

跳高比賽中，運動員會先助跑，然後越過放在高處的橫杆。古巴運動員哈維爾·索托馬約爾（Javier Sotomayor）於1993年創下世界紀錄，他跳過了2.45米的高度。

索托馬約爾打破紀錄的一跳，比普通人跳的高度還要高8倍！

海豚能夠俐落地跳出水面，躍至超過7米。牠們這樣是為了看清水面正發生什麼事，並找尋水面附近的獵物。

美洲獅利用強而有力的腿部肌肉，從地面起跳，能躍至5.5米——比其他哺乳類動物都跳得高。

鋼鐵般的神經

神經系統有助身體各部分互相溝通。它會對身體外在與內在的變化作出反應。

左與右

左腦負責控制身體右邊，**右腦**負責控制身體左邊。這安排雖複雜，但運作很良好！

極速傳信員

有些信息在神經系統的傳送速度就**像跑車一樣快！**神經越粗，傳送信息的速度越快。

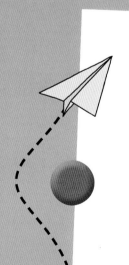

脊髓

神經

信息超級公路

稱為神經的線狀結構會在大腦和**身體之間傳送和接收信息**。大部分信息都會先通過脊髓，那是來往腦部的主要「高速公路」。

你喜歡做什麼？

讓我們感到平靜的活動可能是由神經系統主導的。有人覺得到處走或跑跳會令他們冷靜；有人則認為去安靜又舒適的地方，靜靜坐着便能心平氣和。

神經細胞

負責不同工作，神經的形狀也會不同。

髓鞘質的威力

有些神經被一層稱為髓鞘的物質覆蓋。它們傳送信息的速度，比沒有髓鞘覆蓋的神經快得多。

髓鞘質由脂肪與蛋白質組成。隨鞘質出現問題會讓人生病，例如多發性硬化症，這是令人疲倦或行動不便的疾病。

神經細胞

神經

髓鞘

59

反射動作

反射動作是**不用思考**便做到的動作。這是身體保護自己的方式，在你思考要做這些動作之前，你的身體已自己做到了！

特有的反應

有東西**刺激到鼻黏膜**時，我們便會打噴嚏。飛沫會從鼻子和嘴巴裏噴出來，還傳播得相當遠呢！

自動導航

反射動作是**自動**發生的。它們會直接跳過腦部，並迅速反應，以確保身體安全。信息會在發生事情後才穿過脊髓來通知腦部。

怎麼了，醫生？

醫生會檢查人體的反射動作，以確保它們運作正常。他們會用神經檢查錘輕輕**敲打膝蓋**，檢查它的感受器、神經和肌肉。

哈啾！

習性

人體每天都會做大量反射動作，如眨眼、打呵欠和打噴嚏。這些動作保護身體各部分，例如眼睛。這些動作是自然發生的——你無法阻止它們出現！

哈啾！

從第一天開始

嬰兒**為了生存**，生來便擁有反射動作。他們天生懂得如何吸吮乳汁；當有人輕撫他們的掌心，便握緊對方的手指。

適者生存

許多動物嬰兒**一出生便能步行**。為了能在野外生存，牠們必須站立，並盡快能夠走動。

強烈的信號

摸到高溫的物件時，手指頭的感受器便會啟動。**感受器**是神經系統的一部分。它們會向脊髓**傳送信號**，告訴手部肌肉要遠離高溫的物件。

肱骨

股骨

膝蓋骨

橈骨

尺骨

脛骨

腓骨

我們的 四肢

肢體（雙手和雙腿）能幫助身體移動。肢體裏的骨頭是所有骨頭之中最長和最強壯的。

手臂與腿

手臂與腿都擁有長長的骨頭，並有個**像鉸鏈的關節**來令肢體能屈曲。手臂裏，肱骨由手肘來幫忙連接着橈骨、尺骨。在腿部，股骨由膝蓋來幫忙連接着脛骨、腓骨。

成年人骨折，大約半數都發生在其中一根手臂骨上。

不同的身體

不是所有人的手臂和腿都能像其他人般那樣運作。曾受傷的人，或是腦部無法經身體接收、傳送信息，他們的四肢也可能發育成不同的模樣。

如果人體的骨頭是完全實心的，

輕盈的雙腿

對許多人來說，雙腿能支撐着他們軀幹（肩膀至骨盆之間的身體部分）的重量。它們能帶動身體，因此腿骨會有一點**彎曲**，裏面還呈網狀的結構。

參加殘疾人奧林匹克運動會的選手，如果是失去了腿，會穿上刀鋒狀義肢來賽跑。這堅固而輕巧的人工義肢需量身訂製，以配合運動員的需要。

到處漫遊

行動不便的人有時會使用輔助工具，如拐杖、手杖和輪椅。有些輪椅要由使用者動手來推動輪子，裝有馬達的輪椅則使用電池，並由駕駛桿來控制。

手腳並用

步行和跑步通常都需要四肢一起合作。腳掌和腿部**帶着身體前進**，而手臂則**配合擺動**。這有助人們保持平衡並加快速度。

我們就抬不起手腳了。

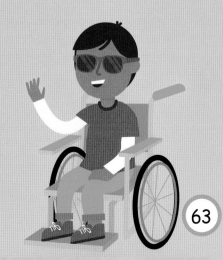

互相連結

包裹住關節的軟骨比冰塊濕滑起碼兩倍。

身體裏每一個能夠屈曲的部分都有關節——人體有數以百計的關節！如果沒有了骨頭之間的**靈活連接處**，骨骼將會像個雕像般僵硬和動彈不得。

連接的骨頭

人體關節全位於兩塊骨頭之間，有助將骨頭連接在一起。大部分**關節**能**自由**又輕易地**活動**，如膝蓋和手肘的關節。其餘關節的骨頭會**互相結合**，例如頭骨的關節。

連接關節

下列是幫助組成活動關節的結構。

膝蓋是人體最大的關節。

滑液
填滿關節空間內的液體，有助骨頭更輕易活動。

肌腱
形狀像繩子的組織，連接肌肉與骨頭。

軟骨
保護着骨頭的堅韌組織，讓關節能順滑地活動。

韌帶
像帶一樣的強韌組織，能將骨頭固定在一起。

活動自如

能夠活動的關節稱為滑液關節。每一種關節都會以不同的方式活動，有些身體部分有數個關節一起運作。來看看不同種類的關節吧。

滑動關節
兩塊平坦的骨頭會彼此滑過。

樞軸關節
其中一塊骨頭的末端會圍繞着另一塊骨頭轉，就像方向盤般。

大約10%人天生擁有過度活動的關節，即是能以較大幅度來活動關節。因為他們的關節太柔軟了，所以可能會用不正確的方式屈曲身體。如果你是其中一員，不要為了向家人朋友展示關節，而以不當方式屈曲它們，這很容易扭傷呢。

球窩關節
球形的骨頭無縫嵌入另一塊杯形的骨頭，就像雞蛋放進雞蛋杯一般。這關節能往多個方向活動。

跟腱將小腿肌肉與腳跟連接，它是所有肌腱中最強韌的，並在步行時給你一點彈性來緩衝！

鉸鏈關節
一塊骨頭與另一塊嵌在一起，就像兩片拼圖。它們像門上的鉸鏈，只能向單一方向移動。

幫忙防護的 骨盆

骨盆**連接**着雙腿與脊椎。它由**骨頭**組成，底部有些**肌肉**。它肩負着特別的任務呢。

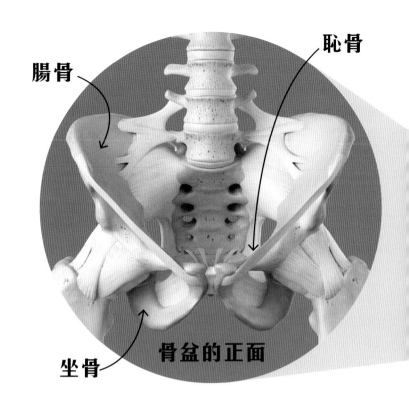

腸骨

恥骨

坐骨

骨盆的正面

骨質的盆子

骨盆的兩側都有**3塊骨頭**（腸骨、恥骨和坐骨），背面則有2塊骨頭（骶骨和尾骨）。

懷孕

胎兒會在媽媽的**子宮**裏成長，子宮在骨盆內得到保護。骨盆就**像搖籃一樣**，懷抱着日漸長大的胎兒。

重要的部分

骨盆底肌肉位於骨盆底部，它會暫時**將小便和大便留在體內**，到我們要排出這些身體的廢物時，骨盆底肌肉就會放鬆。

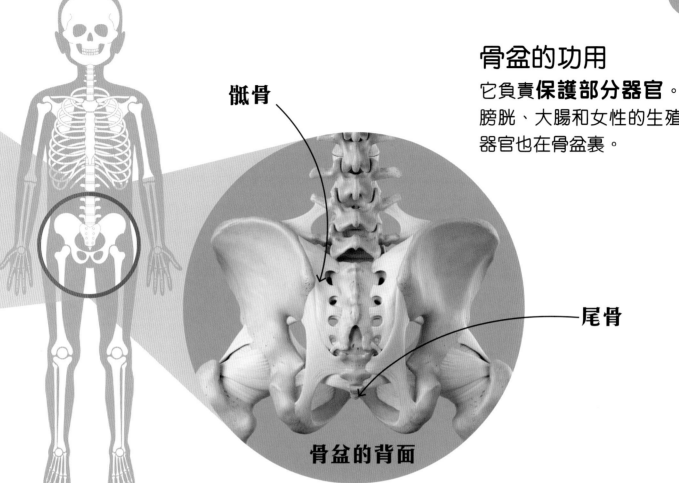

骶骨

骨盆的功用
它負責**保護部分器官**。
膀胱、大腸和女性的生殖器官也在骨盆裏。

尾骨

骨盆的背面

動物王國的骨盆
大象骨盆的大小跟**一張扶手椅一樣**！老鼠的骨盆很小，但形狀與人類的相若。

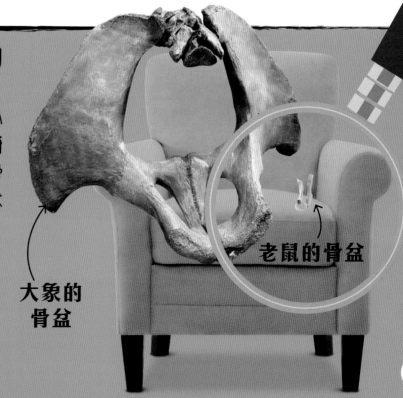

老鼠的骨盆

大象的骨盆

便利的雙手

雙手能夠**抓握**、**推拉**、**接住**與**搬運**物件，但其實你也能夠在失去手的情況下做出各樣事呢。

大約每500個人就有1個人額外多一根手指。

豎起拇指

拇指**活動的方式與其他手指不同**。拇指能夠碰到同一隻手的每根手指，有助提舉與抓拿物件。

人體超過一半的骨頭都在雙手和雙腳。

了解雙手

每隻手都有**27塊骨頭**。當中有**14塊指骨**，**5塊掌骨**，還有**8塊腕骨**。手裏面也有肌肉和大量肌腱（連接肌肉與骨頭的繩狀組織），讓骨頭能動起來。

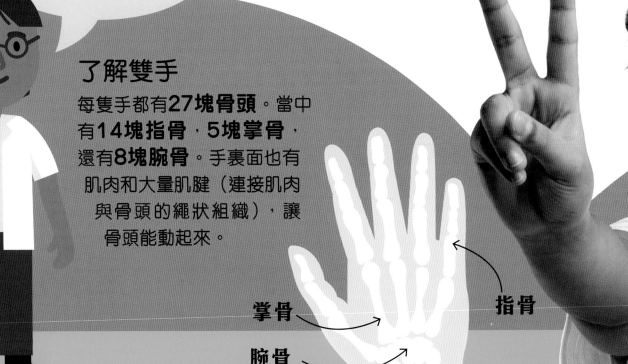

掌骨

指骨

腕骨

你的指關節曾經發出過「卜」一聲嗎？指關節裏面的液體有些氣泡，有時當你伸展或屈曲手指時，氣泡破裂便有聲音。

因生病、受傷或意外而失去的手，能夠以義肢取代。它設計輕盈，還附有特殊的感官技術來偵測熱力、寒冷和壓力。

控制抓握

手能夠以**兩種主要方式**抓握物件。

強力抓握

使用所有手指緊緊抓住物件，是最有力量的。這種抓握可用於接球或舉起重物。

強力抓握

指尖擁有的神經末梢比其他身體部位都要多，因此指尖對於痛楚、熱力和寒冷極為敏感。

精確抓握

將物件捏起，固定在拇指和其他手指尖之間，最適合處理涉及小巧物件的工作。這種抓握可用於執筆或綁鞋帶。

精確抓握

堅硬如甲

　　如果沒有指甲、趾甲去保護手指和腳趾，它們可能遭受多次碰傷呢。指甲能協助手指**抓握**、**提舉**、**打開**和**拖曳**物件來提高觸覺的能力。

指甲每年會生長約5厘米。

指甲之中
指甲的獨特之處要比你所知的更多呢。

指甲的上層是堅硬的「甲板」。

假如你失去了一片指甲，它也會生長回來。重新長出一片指甲需要6個月，而重新長出一片趾甲便需要一年。

甲根位於甲牀裏。新細胞會在這裏形成，然後往前生長，硬化變成甲板後死亡。

甲牀由活的皮膚細胞組成。

細胞從甲根移動到指甲尖端需要大約6個月。

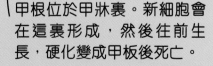

你的慣用手的指甲會

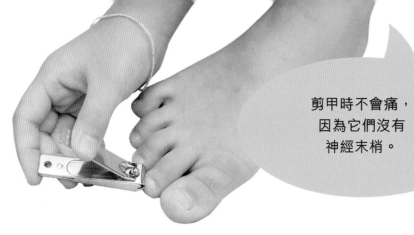

剪甲時不會痛,因為它們沒有神經末梢。

鸚鵡的喙部和爪都含有角蛋白。

我們要好好照顧自己的指甲。保持它們清潔,有助**避免感染**,定期修剪可防止指甲**斷裂**。啡黃的指甲可能是受感染或者敏感的徵兆。

犀牛角由角蛋白組成。

堅韌的東西

指甲是由一種名叫**角蛋白**的堅韌物質形成的。隨着角蛋白一片片堆疊,為手指和腳趾建造出**堅固的保護層**。角蛋白也存在於頭髮和皮膚裏,不過最強韌的是在指甲中。

角蛋白

人類一輩子裏平均能夠長出大約3.4米長的指甲。

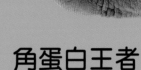

角蛋白王者

角蛋白能組成**動物身體**的大部位。它或會存在於動物的**指甲、爪子、鱗片、喙部、羽毛**和**蹄子**裏。

我的殼也是由角蛋白形成的。

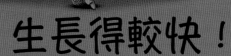

生長得較快!

71

留下你的痕跡

你有沒有留意到指尖上**蜿蜒曲折的紋路**呢？世界上沒有人擁有跟你一樣的指紋，它們是獨一無二的！

指紋的部分

指尖上凹凸的紋有助手指抓住物件，這些**凹凸紋路**形成了指紋。指紋全部都是由**弧形紋**、**斗形紋**和**箕形紋**這三種來組合而成的。

汗濕的痕跡

汗水與天然油脂會從皮膚毛孔中排出來，會從指尖微微滲出。每次當你觸碰物件時，都會留下由汗、油形成的指紋。這些痕跡大多是肉眼看不見的，不過專家卻能夠檢測出它們。

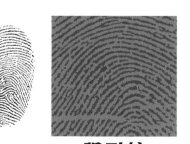

弧形紋
大約在5%的指紋裏出現

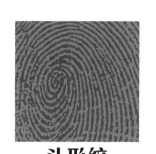

斗形紋
大約在35%的指紋裏出現

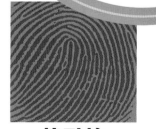

箕形紋
大約在60%的指紋裏出現

犯罪現場

調查人員能夠利用**特殊粉末**，在犯罪現場套取指紋。他們會將找到的指紋與指紋資料庫比對，以確認罪犯的身分。

警察封鎖線，不得越過

警察封鎖線，不得越過

不留痕跡

有些人患有一種基因疾病，稱為皮紋病，指他們**天生沒有指紋**。全世界只有4個已知的家族患這種病。

當皮膚變乾燥，身體便會產生更多油脂，令皺紋消失。

皺巴巴的手指

皮膚會產生**油脂**來保持清潔及**阻隔水分**。當我們留在水裏太久，這些油脂會被洗去，皮膚便會變得**皺巴巴**的。這有助我們抓住濕漉漉的物件。

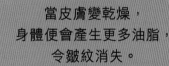

以「腳」先行

雙腳有助**支撐**一個人的體重。它們也十分靈活,能**保持身體平衡**。

人體有四分之一的骨頭都在

腳的結構

每隻腳掌都有**26塊骨頭**。其中7塊骨頭形成**腳跟**和**腳踝**,還有5塊骨頭組成了腳的**中間部分**。**大拇趾**有2塊骨頭,而**其他腳趾**每根都有3塊骨頭。

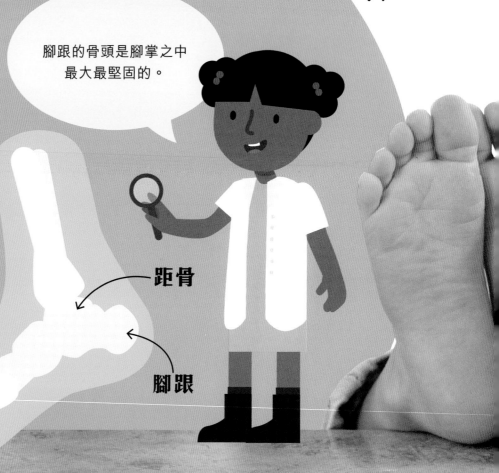

腳跟的骨頭是腳掌之中最大最堅固的。

距骨

腳跟

步行或跑步時，我們主要依靠腳掌前方和後方來承受體重和接觸地面。足弓就像加上彈簧，能夠吸收步行時的震動。

腳掌之中。

漫步人生路

一般人一生裏平均會踏出多達**1億5千萬步**！真驚人！

人體最厚的皮膚位於雙腳的腳底。

臭氣沖天的腳

雙腳有大約50萬個**汗腺**，令它們變得大汗淋漓！雙腳的細菌和用來製作**臭臭的芝士**的是相同細菌，這說明了雙腳強烈的臭氣從何而來！

雙腳每天會產生0.5公升的汗水。

大拇趾

腳趾

腳底

腳跟

我的誕生

你的身體是個奇蹟！許多**不同部分**聚合在一起令你形成完整的人——你的**腦部**指揮着它們。你的身體運作方式與其他人的有許多相似之處，但你還是與眾不同的，因為構成「你」有特殊的組合方式！來親自看看吧……

嬰兒的誕生之旅

嬰兒就是**襁褓中的開心果**！他們是如何長大的？嬰兒出生前又是怎樣的呢？

安全的地方

嬰兒出生前會在**子宮**——媽媽懷孕期間保護胎兒的器官裏生長。它讓胎兒保持**安全溫暖**，並隨着胎兒長大而變大。

每天出生的嬰兒最少有350,000個。

我的懷孕期大約是9個月。

在子宮裏

胎兒不需要呼吸或進食，因為他們會透過**胎盤**和**臍帶**獲取氧氣與養分。

胎盤

臍帶

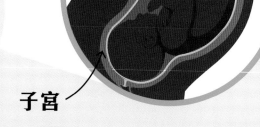

子宮

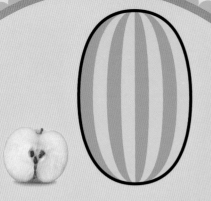

越來越大

懷孕期間，胎兒的體型會從一顆**小蘋果核**，變成像**西瓜**一樣大！成長中的胎兒就在媽媽肚子上隆起，在媽媽的身體外面也能看見。

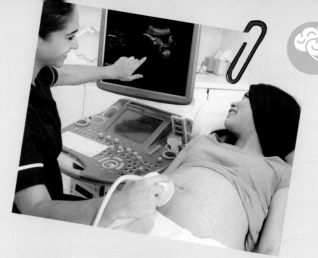

你好，小寶寶！

超聲波掃描是一種檢查方式，可顯示胎兒在子宮內的發育情況。而掃描器產生的**聲波**會在屏幕上形成清晰的圖像。

懷孕大陣仗

倉鼠等小型哺乳類動物懷孕只需2至3星期。大象則創下哺乳類動物懷孕期最長的紀錄，牠們的懷孕期持續22個月——接近兩年！

餵哺小寶寶

新生嬰兒出生後不能立即進食固體食物。他們需要喝母乳或特製的配方奶粉。

母乳和配方奶粉都能提供嬰兒所需的所有營養。

雙胞胎

有時人們會**同時**誕下**兩個嬰兒**。他們的樣子有機會一模一樣，也可能毫不相同！這就是雙胞胎。

長得很像

同卵雙胞胎擁有**相同的基因**，性別也總是相同的。異卵雙胞胎則有一半的基因相同，就跟所有兄弟姊妹一樣。

第六感

有人認為雙胞胎擁有特殊的感應。有時候其中一方不用依靠一字一句，就能了解對方在想什麼；又或者無需對方告訴他，便察覺到問題。

誕下同卵雙胞胎的機率大約是250分之1。

我們不一樣

即使同卵雙胞胎的DNA也會有些微的差異。**經歷**和**生活環境**亦會影響基因運作，不論雙胞胎還是非雙胞胎，最終都可能因為自己有獨特的生活，變得和家人不相似。

我喜歡踏滑板車。

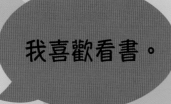

我喜歡看書。

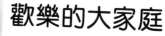

歡樂的大家庭

同時誕下的多個嬰兒會有不同的稱呼。

- 兩個嬰兒：**雙胞胎**（twins）
- 三個嬰兒：**三胞胎**（triplets）
- 四個嬰兒：**四胞胎**（quadruplets）
- 五個嬰兒：**五胞胎**（quintuplets）
- 六個嬰兒：**六胞胎**（sextuplets）
- 七個嬰兒：**七胞胎**（septuplets）
- 八個嬰兒：**八胞胎**（octuplets）

雙胞胎時間

如果家族中有成員曾經誕下雙胞胎，家族的**後代**便較大機會也誕下雙胞胎。某些協助懷孕的治療也可能令人誕下多胞胎。

81

皮膚之下

皮膚真的非常厲害！它**防水**、強韌，**保護**着下層的身體結構，還有助**控制**體温。皮膚也布滿了感受器，幫助我們感知周遭環境。

最大的器官

皮膚是人體最大的器官。它大約佔了體重的15%。

皮膚碎屑

人體每小時大約會有200萬個死去的皮膚細胞脫落。有一部分塵埃是由這些死皮屑組成。新的皮膚細胞會不停產生，因此我們的皮膚每個月都會更新一次。

皮膚層

最頂層的皮膚是表皮，它有一部分由已經或快要死去的細胞組成，你能看見這些細胞。在表皮下面的就是真皮，真皮布滿汗腺、血管、神經和毛髮根部。

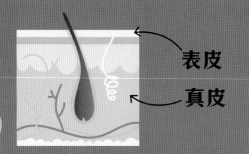

表皮

真皮

人體的包裝紙

人體裏的所有器官都由皮膚包裹着，它就是完美的包裝紙，阻止病菌進入身體。皮膚是防水的，所以水會從它表面溜走；它也能防止體內水分流失，好讓身體不會變乾。

皮膚上的印記

有些人的皮膚上有天然的斑點，例如雀斑、痣和胎記。雀斑可能由陽光導致，太陽的紫外線會觸發皮膚細胞而產生過量色素，這些小圓點會成羣出現，通常在鼻子與臉頰上。皮膚上的印記幾乎對人體無害，不過如果你發現痣或雀斑的形狀、顏色改變了，便要請醫生檢查。

厚與薄

眼瞼上的皮膚非常薄。那就是為什麼我們有時候能看見薄薄皮膚下面的血管。腳底則有厚厚的皮膚來承受身體重量，以及接觸粗糙的地面。

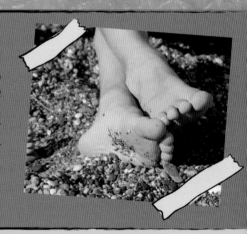

黑色素

皮膚的顏色視乎裏面有多少色素——即黑色素。黝黑的皮膚比白皙的皮膚有更多黑色素，雀斑是有大量黑色素聚集的地方。有些人患有白化症，他們只有很少，甚至沒有黑色素，所以他們的皮膚和毛髮顏色非常淺，甚至會影響他們的眼睛顏色和視力。

控制溫度

體溫上升時，汗腺便會開始運作，使身體出汗，有助降溫；當身體感到寒冷，皮膚上的毛髮會豎起，以助保存熱力，讓我們保持溫暖。

身體温度

人體溫度總是維持在攝氏37度左右。這個溫度能讓人體**好好發揮功用**。

溫度控制

溫度**感受器**遍布人體。它們會向腦部傳送**信息**，指出身體有否**太熱**或**太冷**。身體其後便會決定是否需要升溫或降溫。這稱為體溫調節。

熱影像

圖像能顯示出身體溫度。較靠近**心臟**的身體部位是**較暖**的，會顯示紅色。**較涼**的身體部位，例如**手指**和**腳趾**會顯示成紫色或藍色。

這三幅熱影像顯示出寒冷的身體、正常溫度的身體和非常熱的身體。

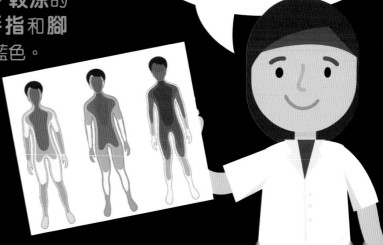

溫血動物

哺乳類和鳥類是溫血動物。牠們會自行產生體內的熱力，以**維持體溫**。

即使外面寒冷刺骨，北極熊仍能讓身體保持着暖呼呼的。

保持穩定

穿上適合天氣的衣物，身體便能保持**理想溫度**。某些病人要特別小心調節體溫，因為當身體太熱或太冷時，病情會惡化。

太熱

要降溫時，**血管會變闊**，讓熱力從血液中散去。流汗也會令我們變得涼快。

冷血動物

爬行動物是冷血動物，因此牠們無法自行產生體內熱力。牠們的**體溫並不穩定**，會隨着周圍環境的溫度改變。

太冷

要升溫時，**血管會變窄**，以減少熱力流失。身體可能會以顫抖來產生熱力。

這條蜥蜴在太陽下躺着便能變暖。

毛髮的故事

毛髮不只是用來裝飾──它有助**保護身體部位**。那就是毛髮長在你頭部、手臂、雙腿和臉上的原因。

鬈髮

是直是曲？

皮膚上的毛囊有不同**形狀**。直筒形的毛囊會長出**直髮**，橢圓形的毛囊則會長出**鬈髮**。

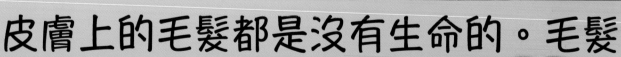

皮膚上的毛髮都是沒有生命的。毛髮

毛囊

毛髮從皮膚表面以下開始生長，隱藏的這部分是毛囊。**毛囊**的細胞數量會逐漸增加，令毛髮生長得更長。

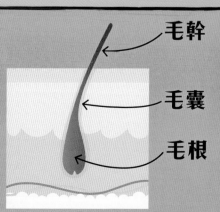

毛幹

毛囊

毛根

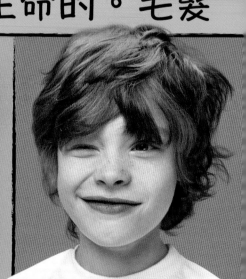

直髮

毛髮的種類

毳毛（又稱毫毛或汗毛）是一種**柔軟**、**幼細的毛髮**，在臉上、腹部、手臂和雙腿上找到。終毛是頭部**堅韌的毛髮**，青春期後，臉上和腋下便會長出終毛。

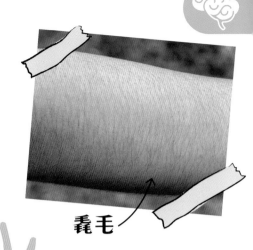

毳毛

終毛

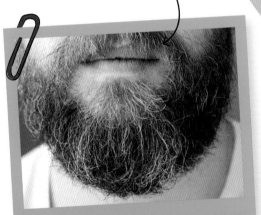

終毛較為堅韌，能夠保護身體柔軟的地方。

存活的部分都藏在皮膚下。

基因

毛髮顏色由基因決定，這些基因遺傳自你的家族。紅髮是最**罕見的**髮色，世界上只有2%的人擁有紅髮。

調節溫度

頭髮在冬天裏能保持**頭部溫暖**，它會困住溫暖的空氣來保暖。在炎夏，頭髮也有助保護頭皮，以免**曬傷**。

神奇的腦袋

你的腦部有多**厲害**？它是人體的**控制中心**，會向身體發出**指示**。大部分過程都在你**不知不覺**中進行。

左腦與右腦

腦部有**兩側**。人們曾經認為左腦專門用於**分析**，而右腦擅長**創作**。不過腦部非常複雜，大部分時間，左右腦都是一起工作的。

頭痛看似發生在腦裏，但事實並非如此，而是腦部周邊的痛覺感受器感知到疼痛。

不怕痛

腦部**無法感受痛楚**，因為它沒有任何痛覺感受器。那就是說，我們可以為完全清醒的病人動腦部手術！

重新連線

大腦在你一生中會不斷更新。假如我們學會了一個新詞語,它便會建立**新連結**來幫助我們記住這詞語。假如我們受了傷,並忘記了部分詞語,它也有**新方法**來讓我們再次學習及記住這些詞語。

讀寫障礙會導致人們閱讀、書寫和拼字出現困難。不過這也會帶來另一些好處,例如有出色的解難能力。

你的腦部和其他人的腦部運作方式都不同。換言之,每人和世界交流的方式都是獨特的。

腦部會不斷學習。錯誤能幫助它學習得更快,在解決問題時表現得更出色。

迷失

你愛做白日夢嗎？還是非常專注，不易分心呢？或者，兩者皆是？有時候觀察**自己的想像力**會馳騁到哪兒，也非常有趣呢！

我想像自己正在聯絡外星人！

永遠思考

腦部總是在**勤勞工作**。即使它正**忙着**控制你的動作，它同時亦在**形成許多想法**。

無限想像

腦部前端的**前額葉皮質**，負責去想像。腦部的其他部分會向它**提供不同資訊**，讓它組織出新想法。

每個人在不同的情況下都會產生自然反應，這些反應會讓人有各種情緒。而情緒太強烈，就令你的頭或者肚子不舒服，甚至會令人難以專注於其他想法。

我驚喜得不知道該說什麼才好！

記憶小巷

腦部會**儲起經歷**，變成記憶。談論重要的回憶和翻看照片，都會鞏固記憶。如果某些回憶不太重要，你便會**忘記**。

我想像自己正要飛往月球！

腦部能儲存多達1千兆位元組的數據，等同儲存50億本書！

終身學習

在學校裏**學習一門科目**，觀察其他人，**聆聽別人的話**，以及與人分享感受等，都能夠幫助學習。

展望將來

不論是太空船，還是你正在閱讀的這本書，人類的一切創造都來自**想像力**。想像力能幫助人們改變事物，否則所有事物都會原地踏步。你想像中的未來是怎樣的呢？

搖頭＝不是　　　　點頭＝是

動作姿勢

動作姿勢能夠用於溝通。大部分人經常以不同姿勢溝通，甚至做了也沒有為意。我們會用手勢來說「你好」、「停止」和「做得好」。同一個姿勢在不同的地方，可能有不同的意思。

溝通交流

有的人也許會認為**說話**是**溝通**的唯一方式，不過全賴我們的身體，即使**一言不發**，我們還有許多方式來表達自己！

英國手語中的「請」

美國手語中的「請」

手語

這些無聲的臉部表情和手勢能夠取代口語。手是很靈活的，它們能夠做出不同的姿勢來代表所有詞彙。不同地方會使用不同手語。

口語

我們説話的聲音是由聲帶產生的,聲帶是在喉嚨裏的兩片組織。空氣會令它們振動,發出聲音。

舌頭和嘴唇將來自喉嚨的振動聲,轉化成言語。

臉部表情

臉部能夠以不同的表情來傳遞我們的感受。微笑時眼睛周邊出現皺紋,能顯示出由心而發的快樂,而額頭上的皺紋和向下彎的嘴角代表的意思正正相反!

氣味

其他動物就跟人類一樣,會發出聲音和做出各種肢體語言,但牠們的溝通方式並不像人類語言般發達。與人類不同,有些動物會利用自己的氣味留下信號給其他動物,與牠們溝

身體語言

開放的身體語言:
雙臂展開、掌心朝上、
雙腿放鬆,通常象徵友善、
平靜和容易接近。
封閉的身體語言:手臂交疊、
雙手握拳、翹腳,暗示那人
很憤怒、憂心忡忡,或
心靈很脆弱。

面對面

臉孔讓你富有個性，還能展現**你的感受**。不過你是否真的能**控制**臉部的動作呢？

靈活的臉

臉部表情是由**向不同方向拉扯**的**肌肉**所產生的。臉部肌肉不是連接着骨頭，而是與皮膚連接。這代表即使是最微小的動作，也能顯示在臉上。

大約50塊臉部肌肉合力，才可創造出每一個臉部表情。

眨眨眼睛

臉部肌肉有時會自己動，例如眨眼。肌肉也能夠刻意活動，擠眉弄眼便需要你主動控制，不算自然動作。

仔細看看！有時候臉部會自動流露出我們真正的感受，例如難過得皺眉。但有時你也可主動掩飾自己的真實情緒，例如勉強擠出笑容。

喜悅

嘴角上揚，
兩頰紅潤

眉頭緊皺，
嘴唇緊抿

憤怒

每5個人便有1人能夠運用臉部肌肉來擺動耳朵。

嘴角往下彎，
眼眉垂下

表達自己

人類的臉部能夠做出多種表情。於是，
我們**無需言語**也能溝通。一起來看看
不同的表情吧。

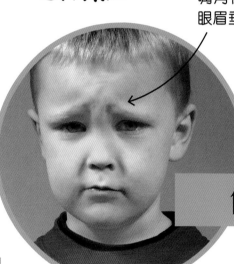

傷心

嘴巴張開，
眼眉揚起

 驚訝

你覺得怎樣？

難以解讀

不是所有人都能夠**看懂臉部表
情**，或是了解其他人的感受；有些
人會覺得利用表情來展示自己的感受
是很困難的。如果你望着別人的臉時，無
法肯定對方的感受，你可以直接問問他們。

95

一輩子平均會花合共80天來刷牙！

如珍珠的**潔白牙齒**

堅固的牙齒擁有**堅硬的外層**，以保護**柔軟的內層**。乳齒脫落後，長出來的第二組牙齒就是今後僅存的牙齒，因此我們必須保持牙齒潔淨有光澤。

一隻蝸牛擁有多達14,000顆小牙齒！

6歲的時候，你其實擁有52顆牙齒，不過大部分都是等待着冒出來的恆齒。

乳齒

嬰兒會長出**20顆小牙齒**，稱為「乳齒」。它們較為**柔軟**，與成人牙齒相比亦受到**較少保護**，因此要好好照顧乳齒。

恆齒

乳齒到了約6歲時便開始**脫落**。它們會由**32顆較大的牙齒**替代，這些牙齒是永久的，不能夠重新長出來。

牙齒裏面

牙齒白色的部分稱為**齒冠**，它是由堅硬的琺瑯質組成的。牙根則**固定**住牙齒的位置。

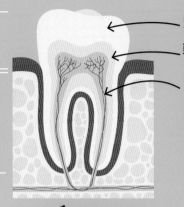

齒冠

牙根

堅硬的琺瑯質

較軟的象牙質

髓腔，是牙齒最敏感的部分，裏面布滿了神經和血管。

牙齒有時候會從奇怪的角度生長出來，令人難以咀嚼和咬食物。牙箍能夠用於矯正牙齒，令它們長回正確的方向。

保持清潔

刷牙可以**清除牙菌斑**──這是一層髒兮兮的細菌，在牙齒上累積。牙菌斑可能導致口臭和蛀牙。

每天要最少刷牙兩次，每次最少兩分鐘。

牙齒的主要工作，就是徹底咀嚼口腔裏的食物，以展開消化食物的程序。牙齒會將食物咬爛成可以被吞下的碎片，讓胃部消化。

大量體液

人體會分泌出各種體液：皮膚上的毛孔會**湧出汗水**，受刺激時眼睛會產生**淚水**，而黏黏的**唾液**則在口腔裏游走。

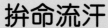

拚命流汗

熱力會使皮膚下的**汗腺**開始活動，汗腺會釋出汗水，然後浮上皮膚表面，並從皮膚上的**毛孔**中流出來。這有助冷卻身體。

人體每天最少會流3公升汗水。

人體有200萬至400萬個汗腺。

肌肉運動

要是沒有了橫膈膜的肌肉，人就無法呼吸。吸氣時，肌肉會往**下**，協助肺部**擴張**。當它放鬆向**上**時，會將空氣排出肺部外。其他肌肉，例如位於肋骨的肌肉會在人呼吸時協助胸腔擴張。

横膈膜抽筋會令你急促地呼吸，呼吸的空氣撞上聲帶，便打嗝了。

哮喘

有些人患有哮喘，它有時會令人呼吸困難。哮喘往往發生在**運動後**，或是**寒冷的天氣**裏。哮喘患者可以利用吸入器這種小工具來緩和或防止哮喘症狀出現。

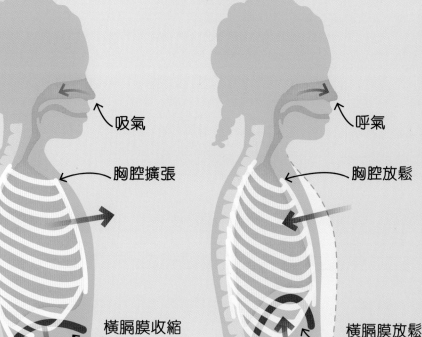

吸氣

胸腔擴張

橫膈膜收縮

呼氣

胸腔放鬆

橫膈膜放鬆

哮喘吸入器

人類能夠透過鼻子和嘴巴呼吸。馬匹只能用鼻子呼吸。

101

深呼吸

呼吸對我們**生存**來說**不可或缺**。那麼，身體有哪些部分有份參與這重要任務呢？

空氣在身體怎樣遊走

鼻子和嘴巴

透過鼻子和嘴巴吸入空氣，能在進入肺部前變得溫暖。鼻毛會阻隔塵埃和髒物。這些功能都有助保護肺部。

呼吸樹

透過鼻子和嘴巴吸入的空氣沿着氣管往下走。氣管會分岔，形成支氣管和小支氣管，它們看起來就像一棵上下顛倒的樹。

氣體交換

空氣含有氧氣和二氧化碳。小支氣管連接着一些微細的氣囊，稱為肺泡。肺泡會將氧氣輸送進血液裏，而送到肺部的二氧化碳則會被呼出。

肺泡

氣管

支氣管

左肺

右肺

小支氣管

肺葉

肺部會像氣球般充滿空氣。它們會將對身體無用的氣體擠出體外，例如二氧化碳。

嘈吵的呼吸聲

呼吸時，氣道的一部分受阻，呼吸聲就會變得很**吵耳**。如果鼻子或喉嚨**堵塞**了，便會打鼾。

自由潛水員

有些人不使用任何呼吸器具來潛入海洋深處，他們是自由潛水員。他們接受過訓練，能夠在水中**屏住呼吸**一段長時間。

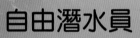

唱歌

放聲高歌有益健康！唱歌運用到呼吸使用的所有肌肉，有助這些肌肉變得更強壯。

肺部會在水上漂浮，因為它們充滿了空氣。

重要的心臟

你的**心臟**每秒鐘都在**輸送**血液。它是循環系統的中心，負**責傳送血液**到全身。

全心奉獻

心臟是一個**肌肉發達**的器官，會輸送血液到身體各部分。血液含有人體器官和組織運作所需的**氧氣**和**養分**。

右心房

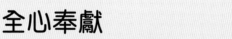

心臟的變化

當你感到**緊張**或**害怕**時，心跳會加速。這樣讓更多氧氣湧向你的腦部和肌肉去做好準備，隨時行動。

動脈將富含氧氣的血液從心臟輸送到手臂。

從一邊到另一邊

右心臟將含氧量低（**缺氧**）的血液送到肺部，收集更多氧氣。左心臟將含有大量氧氣（**充氧**）的血液送到全身。

左心房

靜脈帶着缺氧的血液從身體返回心臟。

左心室

秘密空間

心臟共**有4個腔室**：兩個心房和兩個心室。每個腔室都有一組單向的瓣膜，確保血液只會向前流動，不會倒流。

右心室

心跳助手

心臟起搏器是一個以手術固定在皮膚下的儀器，用於**矯正不規律的心跳**。它會產生電子信號，保持心臟以健康的頻率跳動，能運作約5年。

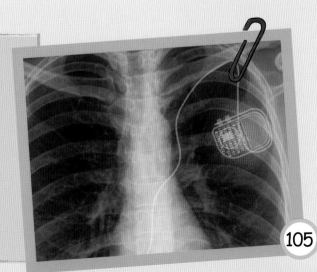

血液急流

血液就像**超級英雄**，在你的身體內流動。它配備了天然的化學物質和養分來**保持細胞健康**，並負責對抗感染。

超級血液

血液總是不斷流動。它帶着重要又富營養的物質到全身，讓**身體持續運作**。它也會**對抗感染**，並將身體不需要的物質除去。

一茶匙的血液裏便有多達2,400萬血細胞（血球）。

成年人的血液比嬰兒的多10倍。

即使靜脈看起來是藍色，所有人類的血液都是紅色的。不過，八爪魚卻確實擁有藍色血液呢。

血液裏有什麼？

血漿
血液超過一半成分都是**水狀液體**，稱為血漿。

紅血球
它帶着氧氣跑遍全身。人體中紅血球的數量比其他細胞都要多。

血小板
如果流血了，血小板有助血液凝固，並封起傷口。

白血球
它會攻擊有**感染跡象的東西**，會包圍感染物，或製造特殊蛋白質來對付感染。

紅血球非常細小，一個小圓點便容納了起碼5,000個紅血球。

捐血
捐血者是指**捐贈自己部分血液**的成年人，幫助需要額外血液的人。捐血者只會捐贈少許血液，之後他們的身體會製造出更多血液來取代已捐的血液。

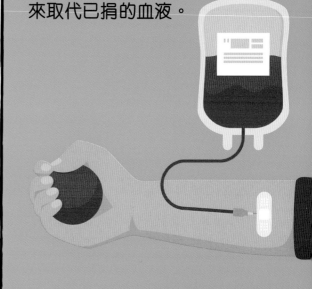

輸血
流失血液並**需要補充**血液的病人，能用其他人捐出的血液。接收額外血液的過程稱為輸血。血液分為不同類型，新輸入的血液必須和病人的血型相配。

循環系統

循環系統是由**血管**和流動的**血液**組成的。

心臟是循環系統的核心。右心會將血液輸送到肺部去收集氧氣，身體需要氧氣來存活。左心會將富含氧氣的血液送到全身。

頭部血管

上肢血管

肺血管

腎血管

肝血管

心臟

含有大量氧氣的血液是鮮紅色的。

含有較少氧氣的血液是深紅色的。

—— 動脈，輸送充氧的血液

—— 靜脈，輸送缺氧的血液

108

血液每分鐘
會流遍全身
多達3次！

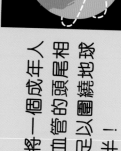

如果將一個成年人
所有血管的頭尾相
接，足以圍繞地球
兩周半！

靜脈是將血液輸送回
心臟的血管。它們的
瓣膜就像閘門，只會向單
一方向打開。這有助血液
從雙腳流回心臟。

下肢
血管

微血管

動脈是將血液
從心臟帶走的
血管。血液會
高速流動，為
全身供應氧氣。

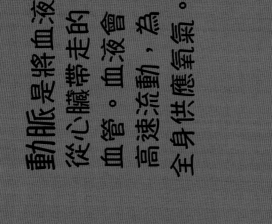

如果有人需要切除
身體一部分，醫生
會修正他們的血
管，讓循環系統
仍能運作。

探索淋巴

　　淋巴系統是**身體防線**的一部分，它能清理一種名為淋巴的體液，這種體液從血管滲出。淋巴系統由許多管道和稱為淋巴結的細胞羣組成。

腫脹的
腳掌

淋巴管

淋巴結

淋巴液

淋巴液從血管**滲出**是很正常的，但它必須返回流動的血液中，否則身體便會**腫脹**。

清理工具

淋巴管是幼細的管道，**會收集淋巴液**，保持體內整潔。

淋巴管會將淋巴液運送到淋巴結。這些結節裏有負責**對抗感染**的細胞，保護身體。

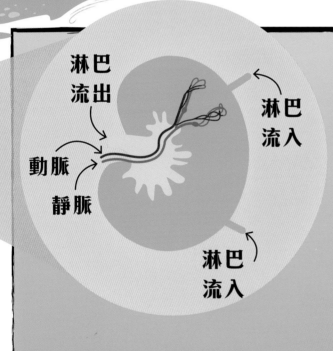

淋巴流出

淋巴流入

動脈

靜脈

淋巴流入

淋巴結裏的細胞會消滅在淋巴液裏發現的感染物質。清理好的淋巴液**會返回血流**中。

淋巴液只會沿單一方向流動，淋巴管裏的大量瓣膜能使淋巴液向同一方向前進。

你的腋下有許多淋巴結！

清除廢物

　　每個細胞運作時都會產生廢物。
身體會過濾廢物以保持**血液健康**。
肝臟和**腎臟**等器官都是這支清潔團
隊的成員呢。

如果其中一個
腎臟出現問題，
即使切除它，身體
仍能夠單靠一個
腎臟生存。

保持平衡的腎臟
兩個腎臟會**清除廢物**，
維持血液裏鹽分和水分的
平衡。

多功能肝臟

肝臟負責將食物裏的**營養**轉化成能量，並清除血液裏的**有害物質**。它亦會製造膽汁，是一種能夠分解脂肪的物質。

器官移植

當肝臟無法好好運作，有時可以將它換走，這就是**肝臟移植**。外科醫生會切除受損的肝臟，並換入健康的肝臟。人們能夠捐出自己部分肝臟，而身體仍能如常運作。

沿着管道走

在腎臟，**廢物**會變成**尿液**（即小便）。它會沿着輸尿管流入**膀胱**，膀胱會透過**尿道**將尿液排出體外。

透析

腎臟會**清洗血液**。如果它們出現異常，做不到這項工作，我們便要用透析機。透析機將部分血液抽出體外，清洗乾淨血液後，再輸送回體內，過程中病人不會有任何異常感覺。

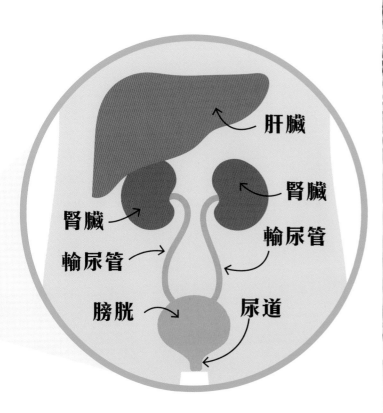

肝臟

腎臟

腎臟

輸尿管

輸尿管

膀胱

尿道

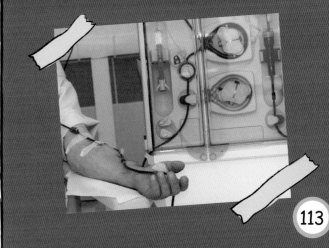

飲食大歷險

食物會在全身經歷不可思議的旅程。它的**養分**有助你保持強壯、精力充沛和健康，而餘下的**廢物**最終會掉到馬桶裏！

消化好幫手

消化系統負責處理食物。這個系統**將食物分解**成身體所需的基本養分，養分會被**血液吸收**，並運送到身體重要的部分，以確保一切**運作順暢**。

成年人的消化系統平均長度為9米——相當於兩輛汽車的長度。

有些人無法吃固體食物。醫生會為他們安裝一根連接到胃部的管，讓他們吸收需要的養分和能量。

我的消化系統可以伸展至50米！

精彩的旅程

從食物送進嘴巴的一刻起，**消化過程**便馬上開始。這是食物在漫長人體之旅的第一站，旅程中有許多中途站，還有最終的出口在靜候大駕！

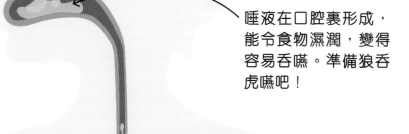

唾液在口腔裏形成，能令食物濕潤，變得容易吞嚥。準備狼吞虎嚥吧！

咀嚼過的食物會被向下吞到長長的食道。食物從喉嚨進入胃部需要10秒。

胃部會將食物反覆攪動達4小時，直至它變成濃稠的液體，這就是食糜。

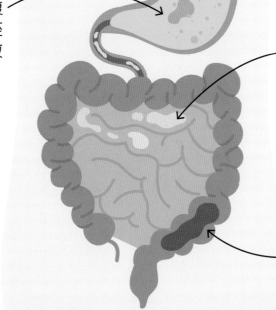

食糜會流進小腸，重要的養分會在這裏吸收進血液。血液會帶着養分到全身各處，供應給需要養分的細胞。

大腸會將餘下的廢棄食糜變成糞便，然後從屁股離開身體。

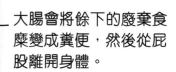

人們平均一生中會
花約100天在馬桶上。

小與大

在處理食物過程中，**腸**肩負着重要的任務。
小腸負責吸收**養分**（食物中有益的東西）。大腸
會吸收**水分**並產生**廢物**。

大腸

小腸

直腸

小腸

當食物抵達小腸，它已經被
胃分解並攪拌。小腸會從食
物中吸收有用的**養分**，並將
養分送到**肝臟**。

大腸

大腸會從腸道裏的東西中**重新吸收**
水分，好讓身體不會流失過多水分，
它會將**固體廢物**排走。

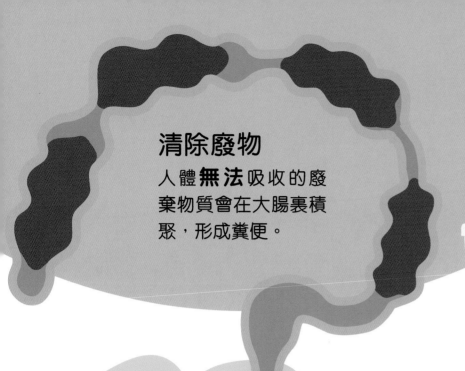

清除廢物

人體**無法**吸收的廢棄物質會在大腸裏積聚，形成糞便。

有用的工具

如果腸**無法正常運作**，我們也有方法來協助身體**清除廢物**。

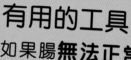

旅程的終點站

糞便會停留在**直腸**（大腸的末端）。神經線會向腦部發出信息，告訴我們要排走糞便。食物分解時產生的**臭氣**也可能會排出來。

進食後，身體需要18至30小時處理食物和產生廢物。

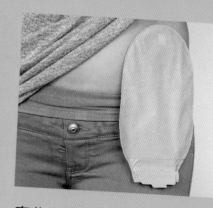

有些人要動手術在身體開個新的洞，這稱為造口。廢物會從造口排出，並儲存在一個袋子裏，直至人們替換袋子為止。

多喝水

當身體**水分不足**時，腦部有一個特殊的部分能感知這情況。它會向身體發出信號，提示我們**補充水分**。

傳信員

荷爾蒙是腦部指派到身體的**化學信使**。它們會令你感到**口渴**想喝水。喝水會增加讓我們滿足的荷爾蒙。

身體徵兆

身體的變化，如**皮膚乾燥**或者**口乾**都可能是身體需要更多水分的信號。

泌尿系統

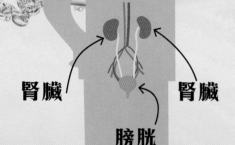

人一生中平均會產生40,000升的小便，比200個盛滿的浴缸還要多！

腎臟　　　腎臟

膀胱

什麼是小便？

泌尿系統會產生小便（即尿液）。這個系統有助保持**體液水平平衡**。如果你的小便顏色很深，通常代表你喝水不夠多，身體需要更多水分。

小便裏面有什麼？

小便中大約95%是水分，其餘的是身體細胞產生的**廢物**和鹽分。帶有臭氣的小便代表身體脫水（缺乏充足水分）。

小便曾被用於生產火藥！

控制膀胱

小便會儲存在**膀胱**裏。非常年幼的兒童無法**控制**自己的膀胱，因為他們的神經系統還未發育成熟。等兒童的神經系統在2歲開始發育後，便能訓練他們如廁。

你吃和喝的東西會影響小便的顏色。紅菜頭的顏色就會令我們的小便變成粉紅色！

小便的需要

當膀胱盛滿小便時，它的**肌肉會伸展**。這是膀胱向腦部發出信息：是時候將小便排走。

119

你的感官

幫助我們建立視覺、聽覺、觸覺、味覺和嗅覺的器官會同心合力，為我們提供周邊環境的資訊和體驗世界。假使**五感**不齊全的人，亦能感受世界！

感知世界

　　人體有**五感**：**視覺**、**聽覺**、**嗅覺**、**觸覺**和**味覺**，它們協助身體收集這個世界的資訊。假如人們無法運用全部五感，**其他感官**會合力協助了解周遭的環境。

眼睛看東西

每顆眼球都有**6塊肌肉**讓它能夠向多方向轉動。視神經會將獲得的資訊從眼睛傳送到腦部。

耳朵聽聲音

耳朵會收集各種各樣的聲音。這些聲音會穿過耳朵內的不同部分，然後抵達腦部，讓它理解所有聲響。

鼻子嗅氣味

微小得肉眼看不見的氣味粒子會在鼻腔裏蹦蹦跳。它們會**將資訊傳達至腦部**，告訴腦部什麼東西香氣怡人，什麼東西惡臭難當！

雙手觸摸東西

雙手的皮膚擁有數以千計的**觸覺感受器**。感受器能夠感知不同東西，無論物件是熱是冷，柔軟還是凹凸不平，它都能感知到。

舌頭嘗味道

舌頭由肌肉組成，能在口腔將食物推到不同的地方，並**壓碎食物**。舌頭上有味蕾，可嘗出各種味道。

額外的感官

身體裏還有其他感官在運作呢！**平衡**、**飢餓**，還有某些本能等都是人們能夠體驗的其他感官。

眼睛

兩隻眼睛內各有**許多層**。每部分都與眼睛肌肉、神經和大腦共同合作,便能**看見**並**建立**影像。

每一塊虹膜都是獨一無二的!沒有人擁有一模一樣的虹膜,即使你左眼和右眼的虹膜也不一樣。

保護眼睛

眼瞼有助**保護眼睛**,而睫毛能阻隔灰塵和髒物,保持眼睛**清潔**。

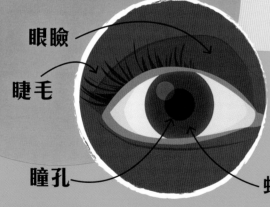

眼瞼

睫毛

瞳孔

虹膜

瞳孔與虹膜

瞳孔是眼睛裏的**黑色圓圈**。虹膜是眼睛裏**有顏色**的部分,控制讓多少光線進入眼睛。當虹膜變大,瞳孔便會變小,讓較少光線進入眼睛。

眼睛的部分

角膜和鞏膜

這些強韌的**外層**讓眼睛成形，並**保護**眼睛。角膜有助聚焦光線。鞏膜就是俗稱的眼白。

脈絡膜

眼睛的**中間層**稱為脈絡膜。它布滿**血管**，為眼睛供給養分，來維持眼睛健康。

脈絡膜

鞏膜

晶狀體

角膜

晶狀體

晶狀體位於**瞳孔後方**。它會聚焦穿過瞳孔並進入眼睛的光線，然後在視網膜上形成圖像。

視網膜

視網膜

視網膜位於眼睛後方。它透過晶狀體**獲得光線，並將資訊傳送到腦部**，使它能理解看到的圖像。

人類的眼睛能看到多達200萬種色彩！

動物的眼睛

在自然界的動物，**獵物**會被**捕獵者**狩獵，因此牠們往往擁有細薄的**橫向瞳孔**，能看到廣闊的空間和發現有敵意的捕獵者；**豎向瞳孔**則有助捕獵者看見獵物與自己的距離。

豎向瞳孔

鱷魚眼睛

橫向瞳孔

山羊眼睛

青蛙眼睛

我有一雙大大的眼，能夠看見想捕捉我的動物。

視覺

眼睛處理接收到的資訊，將它傳送至**大腦**，再形成**影像**，當中需要許多步驟呢。

大腦

晶狀體

角膜

視網膜

光線

視神經

視覺是怎樣運作的？

1 首先，光線會從物件上反射，進入眼睛。

2 角膜和晶狀體聚焦光線。

3 光線會投射到眼睛後方的視網膜。不過在這時候，影像是上下顛倒的。

4 上下顛倒的資訊會沿着視神經傳送到大腦。

5 最後，大腦會把所有資訊整理好，並將影像轉回正確的方向！

難以看清

眼睛有**許多部分**，因此如果某些部分無法正常運作，人們便看不清楚事物。視力多數隨着人們老去而改變。

眼鏡能安裝不同種類的鏡片。鏡片會將光線聚焦到視網膜上，讓人看清楚。

有些動物，例如貓擁有出色的夜間視力，因此我們能夠在黑暗中移動自如。

色盲

有些人是**色盲**的，他們難以看見某些顏色間的差異。

難以分辨紅色和綠色是常見的色盲類型。

來試試這個色覺測試吧。哪個圓形裏面有7？哪個圓形裏面有13？

與女孩相比，色盲較常出現在男孩身上。

視錯覺

你知道你的眼睛能夠**捉弄**你嗎？它們有時候看見的東西會與實際不一樣，會令我們**頭昏腦脹**呢！

糊里糊塗

大腦運用**來自眼睛的資訊**，找出眼睛正在看什麼。它通常能找到正確答案，但有時也會走捷徑來更快速處理資訊。如果大腦開始**混淆**，便會看見視錯覺。

眼睛通常只需13毫秒便能高速處理好一幅圖像！（1毫秒＝1000分之1秒）

不停移動

這些旋渦有時候看似正在**轉動**。眼睛看見不斷重複的螺旋圖案，而腦部會將這些影像解讀為圖像正在轉動。凝望固定的位置能**停止這種現象**。

塑造形狀

下面的圖片看似有一個白色**正方形**和**三角形**，但其實是大腦被騙了！它假設了**藍色圖案**是完整的，並被白色圖案**遮蓋**住。

海市蜃樓

疲倦的沙漠旅人可能會看見遠方有**湖**，但他們其實永遠無法到達那兒。那是海市蜃樓：沙丘上方有**一層熱空氣**，而大腦誤以為那是水。

虛構的洞穴

立體藝術畫家會利用陰影來繪製不可思議的圖畫，看起來行人路就像**立體**。

我是鴨子還是兔子？

難以判斷

藝術家能夠繪畫出圖畫同時看似兩種東西，有些人會看見其中一種，而其他人則看見另一種。由於腦部不能每次**同時處理兩張圖**，有時甚至無法處理。

耳朵

耳朵**將聲音轉化為信號**，讓**大腦**理解。大部分工作都是由隱藏在頭骨裏的內部耳朵完成。

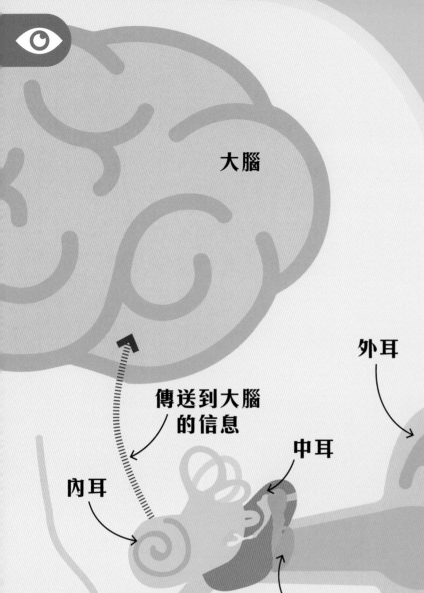

大腦

傳送到大腦的信息

內耳

中耳

外耳

耳膜

聲波

良好振動

外耳會**收集**聲音。當聲音在耳朵裏游走，耳朵各部分會隨之振動。振動會傳到**大腦**，協助它辨別聲音。

敲響耳膜

聲音會撞向一片稱為耳膜的薄皮層，並令它振動——就像鼓一樣。而**耳膜**會保護耳朵內部。

人體最細小的骨頭在中耳內。

小型助聽器

動物的耳朵

動物的聽覺有助牠們生存,因此每種動物都擁有適合牠們生態和**生活習慣**的耳朵。有些動物還會利用耳朵來做其他事情。

聽力水平

有些人有**聽力障礙**,甚至完全聽不見聲音,他們或會使用助聽器。隨着人**年紀漸老**,聽力逐漸變差是很常見的。

蝙蝠需要大耳朵,因為牠們的視力弱,要依賴聽覺生活。

蝙蝠

耳廓狐

大聲點!
我聽不清。

我們耳廓狐擁有大大的耳朵,有助在熾熱的沙漠裏保持涼快。

有些狗的耳朵裏有額外肌肉,讓牠們能夠向各個方向移動耳朵,鎖定聲音的方向。

狗

吼嗚嗚嗚嗚!

從前,如果有人有**聽力障礙**,他們會利用**大喇叭**來收集聲音,這就像大大的**外耳**。

震耳欲聾的聲音

聲音的**強弱**會有變化。音量大小會以分貝（dB）為量度單位，非常響亮的聲音會損害耳朵，當聽見嘈吵的聲音時，要好好保護耳朵呀。

放煙花

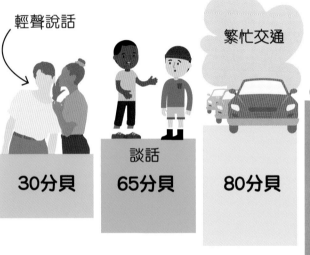

輕聲說話

繁忙交通

嬰兒啼哭

雷聲

| 30分貝 | 65分貝 | 80分貝 | 110分貝 | 120分貝 | 140分貝 |

談話

分貝

人類耳朵能**安全**地聆聽高達80分貝的聲音，例如**繁忙交通**的聲浪，或者擁擠的房間裏嘈吵的人聲。在短時間內突然聽見較響亮的聲音並沒問題，但長時間聽着吵耳的聲音便會導致耳朵**受損**。

地球上最響亮的自然界聲音，就是火山爆發的聲響。

音調

音調是另一種量度聲音的方式。**高音**，例如鳥兒啼叫聲，是尖銳又刺耳的。**低音**，例如雷鳴隆隆聲，輕柔而沉靜。音調會以赫茲（Hz）為量度單位。

感知聲音

聽障人士可以透過地面**振動**來**感知聲音**，所以他們也能夠**跳舞**或者**演奏樂器**，儘管他們無法像一般人那樣聆聽音樂。

依芙琳·葛蘭妮（Evelyn Glennie）是一位聽障敲擊樂手。她會赤腳演奏，好讓她與管弦樂團一同演出時，能感受舞台上的振動。

動物的力量

許多動物的**聽力範圍**比人類大得多。**狗**能聽見**音調非常高**、人類無法察覺的聲音。而**蝙蝠**的聽力範圍甚至比狗更大！

我能夠比狗聽見更高的音調。我聽得見有老鼠在吱吱叫！

眼睛、大腦、肌肉和皮膚感受器都能防止我們跌倒。

保持平衡

耳朵不僅用於聆聽——它們也能保持身體平衡。**內耳**的部分會在我們不察覺下幫助身體保持平衡。

動一動

耳朵裏有特殊的**液體**和需用顯微鏡才看見的微細**毛髮**。當你動起來，它們也會動，並將**資料**傳至大腦，告訴它身體現在的姿勢是怎樣。

動暈症（如暈車、暈船）是非常普遍的。當你在移動時，大腦無法處理身邊的資訊，便會出現這種症狀。

假如你靜止不動，但有些大型物件在你視野中移動，它也可能令大腦誤以為你正在移動。

耳朵受感染的人可能深受頭暈目眩的痛苦，覺得整個世界在旋轉。

鼻子

鼻子看起來平平無奇，不過裏面卻是個充滿了**黏液**、**毛髮**、**軟骨**和**骨頭**的世界。

骨頭

軟骨

鼻尖

鼻尖由軟骨形成。軟骨**結實而柔軟**，鼻孔就能夠放大來吸入空氣。

鼻子最高的地方是鼻樑。它堅硬又牢固，因為那裏有骨頭。

人類的鼻子能夠分辨

動物的鼻子

每個物種的鼻子都經過數以千年計的演化，以適應牠們的**需要**。

星鼻鼴視力很差，牠們寬闊的鼻子便有助嗅出尋找食物的路線。

阻絕塵埃

鼻子能保持乾淨，有賴**鼻毛**和**黏液**（即鼻涕）的幫忙！

黏液會困住塵埃，並保持鼻腔濕潤。當黏液變乾，它會結成一團，就是「鼻屎」。

鼻毛也會阻隔塵埃，阻止它們進入肺部。

下垂的鼻子

你也許會發現，年長的人有較大的鼻子。這因為**軟骨會越來越柔軟**，令鼻子下垂，看起來就**更大**。

鼻孔會隨你變老而變得更大，這代表鼻子形狀隨着你年歲漸長而改變。

多達1兆種氣味。

長鼻猴的大鼻能讓牠發出更多**聲響**，好讓牠能好好地溝通。

劍旗魚會用牠們的**長喙**來攻擊獵物。

香氣撲鼻

鼻子會收集**各種各樣氣味**。氣味能夠提供周圍環境的線索，難聞的氣味告訴我們食物是否**腐壞**，有助保障我們的安全。

感受器

粒子

氣味粒子會在鼻腔裏彈來彈去，啟動氣味感受器。

氣味是什麼？

氣味是由一些細小的粒子形成——這些粒子能組成固體、液體或氣體。當你吸氣時，它們便會進入鼻腔。

許多動物都擁有驚人

鯊魚可在泳池般大的海洋範圍內，聞到一滴血液的味道。

尋血獵犬能夠在氣味消失後約**兩星期**，仍**追蹤**到氣味！

大腦之後會判斷這些氣味是甜美還是惹人討厭的！

嗅到臭臭的氣味

稱為感受器的特殊**氣味感應器**位於鼻子上方。一個感受器可以辨認到**香氣**，另一個感受器則可以偵測到**臭氣**。

大腦

氣味感受器看似毛髮，但它們實際上是鼻細胞的一部分。它們會把氣味的資訊轉化成信息，並將之發送到大腦。

的嗅覺能力。

大象擁有敏銳的嗅覺，牠們可偵測到**19公里以外**的水源。

牛能夠嗅聞出**8公里以外**的事物，能助牠們遠離危險。

觸覺

當人們觸摸物件時，關於物件的**熱**、**冷**、**粗糙**、**柔軟**等資訊會傳送到**大腦**。

大腦

從指尖到大腦

皮膚有數以千計的**感官感受器**。它是身體裏的微小部分，負責接收周邊相關的**資訊**，並將資訊迅速傳送腦部。即使只是輕碰某些東西，感受器仍能偵測到那些東西的觸感。

以觸覺閱讀

點字是專為有視覺障礙的人而設的**語言**。人們用指尖在凸起的**圓點**上移動，這些圓點會組成**字母**、**詞語**和**句子**。

在個情況下，大腦會留意什麼資訊？

太多資訊了

大腦無時無刻都在接收大量資訊，不過它會**專注**於像痛楚這樣的**重要事情**上，這可保障你的安全。

微風吹拂的感覺

突如其來的疼痛

哎呀！

身體下的地面

布料的質感

昆蟲的感官

昆蟲會透過牠們的**觸角**感受世界。觸角長在昆蟲頭部，用於**觸覺**和**嗅覺**。

觸角

舌尖

舌頭是一塊**肌肉**，有助分解食物。舌頭的表面上有數以千計、微小的隆起，它有助**嘗味**。

來自味蕾的資訊會轉化成信息傳送到大腦。

味蕾

舌頭布滿味蕾，它們能透過**味孔**（皮膚裏的小孔）**感知**味道。

味蕾

口腔裏可能有多達10,000個味蕾。

數量有多少？

舌頭上的**味蕾**數量每人都不同，這就是為什麼人們會有不同的味覺感受。

西蘭花對於超級品鑑師來説是帶苦味的！

超級品鑑師

超級品鑑師能夠非常準確地**分辨味道**，他們能夠嘗出食物裏最微小的味道。

很滋味

人們曾認為舌頭不同的部分擁有特定的味蕾——因此舌頭的一部分能嘗出苦味，另一部分能嘗到甜味。這種説法並**不正確**。

味覺出眾

有研究發現，**女孩**感知味道的能力**較男孩強**。雖然大家擁有的味蕾數量相同，但他們的味覺不一樣！

垂涎欲滴

除了主要的味道以外，有些食物也會令舌頭產生熾熱或冰涼感。食辛辣的辣椒和享用清涼的青瓜，有着完全不同的感受！

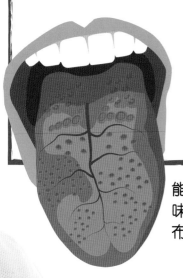

能夠辨別5種基本味道的味蕾，遍布整條舌頭。

味覺

舌頭有5種基本味覺，它們是酸、苦、鹹、甜和鮮。哪種是你**最喜歡**的味道？

草莓顏色越紅或越成熟，味道便越甜！

酸味

檸檬和天然的**乳酪**等食物帶有酸味。當我們進食，口腔裏的**唾液腺**會馬上運作，產生大量口水去幫助消化這些食物。

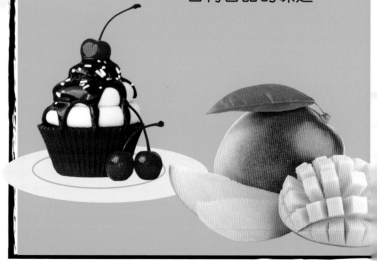

甜味

有些**水果**擁有**天然甜味**。添加了糖的食物，例如**蛋糕**也會有香甜的味道。

許多食物都加入了糖，我們

苦味

西蘭花、羽衣甘藍、椰菜和**西柚**等食物都有苦味。它們都含有令自己帶有苦味的化學物質，這類食物對健康飲食是很重要的。

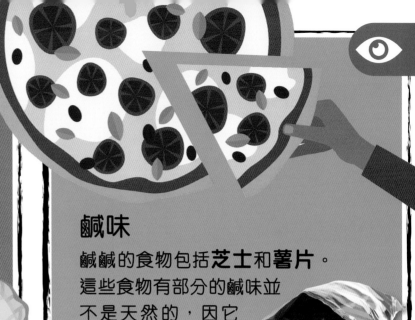

鹹味

鹹鹹的食物包括**芝士**和**薯片**。這些食物有部分的鹹味並不是天然的，因它們加了鹽。

鮮味

鮮味是一種可口的、像肉類的味道，可在番茄、蘑菇、肉類和魚類中品嘗出來，它也在可食用**海藻**裏嘗到。加入鮮味能夠令食物更加美味。

味蕾會隨着我們年紀增長而慢慢衰退，因此我們對味道會變得不敏感。如果你現在不喜歡某種食物，將來也可以再嘗嘗看。你也許會發現，自己變得喜歡它！

要留心吃了多少甜食。

美味，還是噁心？

要判斷食物的味道好壞，**大腦**會同時運用數種感官：**觸覺**、**嗅覺**、**視覺**和**味覺**。如果某種食物的觸感、氣味或樣子並不討好，大腦便難以相信這種食物有好味道！

暖呼呼的！

有魚腥味！

色彩繽紛！

看起來不錯

色彩繽紛，且有不同質感、味道和氣味的食物會令人食指大動。**感官會互相合作**，帶出食物的滋味。

好像很吸引！

看起來很乏味！

同心合力

我們進食前，大腦會處理食物的**模樣與氣味**，判斷它是美味還是噁心。不過大腦也有機會猜錯，因此嘗一下全新的食物，發掘它們真正的味道吧！

嗅起來真噁心！

嗅起來真美味！

食物的質感也會影響味道。

氣味粒子無法通過塞住的鼻子，因此鼻塞時味覺會較弱。

喪失味覺

如果嗅覺**無法正常運作**，食物會變得沒那麼美味。這就是為什麼感冒引致嗅覺失靈的人會**食慾不振**。

食物的味道有80%源自氣味！

更多奇妙的感官

有些人擁有**超過5種主要感官**。不是所有人都擁有額外的感官，或能以相同方式感受，以下是人們體驗世界的不同方式。

大約有2%的人擁有聯覺，通常受基因影響（家族遺傳）。

獨特的體驗

我們對身體與周圍的**體驗**都是**與別不同**的。對你來說音量剛好的聲音，對其他人來說可能太嘈吵；有些人喜歡用力擁抱，但有些人比較喜歡輕輕擊掌表示鼓舞。

內在感官

我們都知道什麼時候覺得餓、口渴，或者需要去洗手間。全因我們擁有**內感受**：能感知身體內發生事情的感官。它會向大腦通報，讓我們知道自己需要做什麼。

混合感官

擁有**聯覺**的人擁有混合在一起的感官。舉例說，他們可能會聽見顏色，品嘗到形狀，或是嗅出字詞。假如你想起數字3，你有聯想到顏色、氣味或者味道嗎？

嗯！這音樂的味道就像草莓！

理解感官

我們有**5種主要的感官**：視覺、聽覺、嗅覺、觸覺和味覺。但還有更多感官幫助我們了解世界和身處的地方。這些額外的感官有特別的名字，但別擔心——它們並不難理解。

第六感

第六感並不是真正的感官。它所指的是當我們知道某些事情，卻不明白是如何得知的那種感受！你的大腦總在接收資訊，甚至一些你不曾留意到的資訊，而這些資訊有助你得出自己的意見。

平衡動作

你能不能閉起眼同時碰自己的鼻子，或是做側手翻？**本體感覺**是幫助我們保持平衡的感官，它告知大腦，身體如何適應周邊，身處何方，以及怎樣移動。

有時候，當人們失去了一隻手臂或腿，仍能感受到失去的肢體。這也許是由本體感覺導致的。

身體怎麼了？

腫塊、瘀傷和有害病菌都會令你感到疼痛或不舒服。讓我們一起窺探人體內部，找出當你感覺不適時，到底發生了什麼事。幸好，隨時間過去，或是醫生幫助下，大部分傷口和疾病都會痊癒。我們可做的，就是盡力好好**照顧自己**。

古代專家

遠在X光和攝影機還未發明之前，我們無法看清身體內部，一些**古代科學家**，例如希波克拉底和拉齊等都曾經為**生物學**帶來許多新發現。

我治好了馬其頓國王的肺結核病。

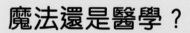

魔法還是醫學？

數千年前，古希臘人並不了解醫學，他們很迷信（相信魔法和運氣），認為疾病是由神明或**惡靈**做成的。

希波克拉底

古希臘醫生希波克拉底（Hippocrates）發現**疾病有天然的成因**，也能夠治好。他記錄病人的症狀來診斷及治療。

人們認為希波克拉底與古希臘英雄海格力斯有關！

拉齊

古代**阿拉伯世界**中最出色的醫生就是拉齊（Abu Bakr al-Razi）。他於**公元9世紀**在波斯（現今的伊朗）出生，透過在不同的醫院工作來學習醫學知識。

> 我是最早發現健康的食物有助病人好轉的專家之一。

醫學傑作

拉齊寫下了超過**200本著作**，當中記錄了他一切所學。他撰寫了**篇幅最長的醫學百科全書**《醫學集成》（*Al-Hawi fi al-Tibb*），這套醫書多達23冊，書中包羅不同國家的**醫學歷史**，還有拉齊自己的醫學理論。可惜，這套書已不再流傳世上了。

拉齊也曾研究煉金術：嘗試將普通的金屬變成閃閃發亮的黃金！

頭蝨

頭蝨是會在你的頭髮裏建立家園的**小蟲子**。牠們以你少量血液當作大餐，還會令你的頭部痕癢難當。**真討厭！**

頭蝨會咬破頭皮來吸血。這就是頭蝨令你的頭部痕癢的原因。

抓緊毛髮

頭蝨只有一顆砂糖粒般大。在顯微鏡下觀察，牠有**6條腿**，上面有爪子，以**緊緊抓住頭髮**。

邪惡的蟲卵

雌性頭蝨**每天產下約5顆蟲卵**。只需一星期，這些蟲卵便會孵化出更多**吸血頭蝨**！

這些蝨卵在近頭皮的頭髮上，看上去就像微小的白點。

課室裏的小生物

孩子最大機會在學校感染頭蝨。當學生有**密切接觸**時，頭蝨便會從一個人的頭上跳到另一個人的頭上。

清除頭蝨

動手前，你需要預備好一把頭蝨專用梳。

- 首先，用洗髮水和護髮素清洗頭髮。

- 請成年人用頭蝨梳替你徹底梳理頭髮。這需要一些時間，要有耐性呀。

- 如果這方法沒效，使用藥用洗髮水也能去除頭蝨。

頭蝨梳 →

體溫上升

如果你大汗淋漓，觸摸起來又燙手，那你可能**發燒**了。體溫高可能是身體受**感染**的信號。

體溫剛剛好

兒童的**正常體溫**大約是**37℃**，身體會努力使體溫維持在這個水平。

當你的體溫升至38℃或以上，就是發燒了。

哇！對我來說太熱了！

焦灼不安

發燒會令人不舒服，不過發燒其實是身體在**對抗感染**，如傷風、感冒、扁桃腺炎和水痘。高溫會令細菌和病毒難以在體內生存。

量度體溫

家中預備好體溫計來量體溫會很有用。有些體溫計使用時要放在**腋下**、**嘴巴**或**耳朵**裏，紅外線體溫計則用於掃描額頭。

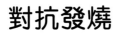
紅外線體溫計

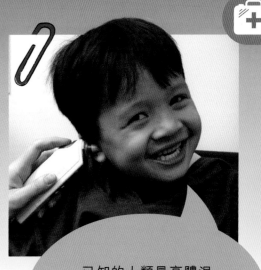

已知的人類最高體溫是46℃。這是一個中暑男人的體溫，並非發燒。

對抗發燒

當身體變熱，多喝水十分重要，可以補充**流失的汗水**。

好好休息，**保持涼爽**，直至體溫回復正常。如果你有感染，可能要服用抗生素（一種對付細菌的藥物）。

體溫升高有時意味着人們有發燒以外的問題，這就需要看醫生了。

孵化時間

溫度會影響新生鱷魚是**雄性還是雌性**。氣溫32℃能孵化出雄性鱷魚，而氣溫低於31℃或高於33℃時，則會孵出雌性鱷魚！

忙碌的**睡眠時間**

當你沉沉睡去，腦部並不是**停止運作**，晚上可能是出人意料的繁忙時間！

甜夢鄉

每人都會做夢——即使人們記不起夢境。當腦部在睡眠周期中變得**更活躍**，人便會做夢。人們平均每年會有接近**2,000**個夢。

有些人認為夢境是有意思的。例如做了一個飛翔的夢，便代表你很快樂。

受控的夢

清醒夢非常罕見，不過有些人宣稱自己經常體驗清醒夢。清醒夢是你**察覺到自己在做夢**，而你能夠**改變夢境**發生的事！

夢遊並不危險，不過我們最好領回夢遊的人到睡牀，或是叫醒他們，讓他們不會因意外而受傷。

起牀活動

有時候，人在深層睡眠與短層睡眠之間**轉換**時，身體似乎會醒過來，但腦部卻仍未清醒。
人們或會在睡覺期間**走路**、**說話**，甚至做一些**日常工作**，而他們一般記不起自己做過的事。

動物也做夢！

專家認為動物會做一些關於日常事物的夢，例如跑步和玩耍。

與成年人相比，夢遊和說夢話的情況在兒童身上比較常見。

戰鬥或逃跑？
還是 不動 ？

很久以前，人類需要在野外掙扎求存。有時會遇上**危險**，因此身體發展出一些**本能**來保護自己。時至今天，我們仍擁有這些本能。

高度戒備

當我們面對危險，身體會有三個選擇：**面對**危險（戰鬥），**避過**危險（逃跑），或是**等待**危險過去（不動）。

這些反應不只在身處險境時出現。它們也可能在你開心地玩「鬼抓人」（俗稱「捉伊人」）時出現。

腎上腺素飆升
一種名為腎上腺素的荷爾蒙會進入血液裏，準備好讓身體隨時行動。

全神貫注
眼睛睜得更開，瞳孔也會變大，可更容易看清楚四周。

心跳加速
心臟會跳得更快，讓血液湧向肌肉，並提供能量給身體。

深呼吸
氣道會打開得更闊，讓更多空氣流入肺部。

情緒反應
這一切生理感受，還有源自壓力而來的擔憂，都可能使人哭泣、憤怒，又或者變得勇敢！

這些身體變化發生得太快，腦部未必及時選擇反應。相反，身體會自行決定要面對危險、逃跑還是不動。

極度刺激

腎上腺素不單會在受威脅時出現，也會因**壓力**，如應付學校測驗；或是因**興奮刺激**，如跳傘時出現。

忐忑不安

腎上腺素也許會使人流汗或肚子痛。

回復平靜

當壓力消失後，人們可能仍因腎上腺素而覺得緊張。玩遊戲，或是做呼吸練習能紓緩緊張感覺。

走出困境

有些健康狀況會令身體長期困在「戰鬥、逃跑或不動」的狀態裏。如果出現這種情況，便需要接受治療來掌控這個狀況。

咳嗽和噴嚏

咳嗽和噴嚏會**傳播疾病**。它們會將數以千計**帶病菌的飛沫**噴到空氣中，傳染別人。

咳嗽

當病菌、煙霧、塵埃或食物**刺激氣道**時，人們便會咳嗽。身體通過噴出氣體來清除阻塞氣道的**障礙物**或**刺激物**。

當你咳嗽時，記得掩嘴；打噴嚏時也要用紙巾遮口，這樣就不會傳染疾病給其他人。

如果打噴嚏時睜開眼睛，眼球真的會掉出來？

大約有20%的人在強光下會打噴嚏。

英國的唐娜·格里菲思（Donna Griffiths）擁有打噴嚏最長時間的世界紀錄。她打了976天噴嚏（接近3年！），第一年便打了大約100萬次噴嚏！

打噴嚏

噴嚏是一種**自動反應**，是無法控制的。花粉、塵埃或細菌都會刺激**鼻黏膜**。身體會打噴嚏將刺激物噴走來清理鼻腔。

當人們睡着，打噴嚏的神經也會一起睡着。

哈啾！
噴嚏能達到時速160公里，比高速公路上的汽車還要快。

這是錯誤的！眼瞼會在你打噴嚏時自動合上。即使你嘗試拚命打開眼瞼，眼球仍會留在原位。太好了！

這現象是光敏性噴嚏。

無處不在的病菌

世界上充滿了**微小的生物**（也被稱為微生物），牠們小得無法以肉眼看見。有些微生物對我們的身體有益，但有些如病菌，就會引發疾病。我們的身體可殺死**病菌**，還有許多方法能**防止病菌傳播**。

病菌的傳播

當你**咳嗽**和**打噴嚏**時，飛沫便會從你的鼻或嘴裏跑出來。這些飛沫可能有病菌，更會進入空氣中，如果人們接觸到或吸入了病菌，疾病便會因而傳播。

你可透過保持潔淨來防止

經常洗手，尤其如廁後和進食前。

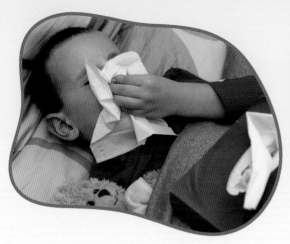

嚴重疾病

許多病菌都會引起輕微疾病，例如**傷風**或**喉嚨痛**等，只要好好休息便會痊癒。其他疾病則較為嚴重，可能需要求醫。

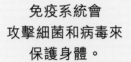

免疫系統會攻擊細菌和病毒來保護身體。

不受歡迎的訪客

最常見的病菌是**細菌**和**病毒**。它們雖然小，卻能引起感染，他們進入人體時能夠令人覺得**不適**。

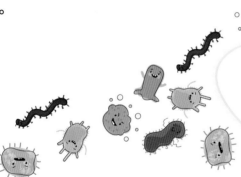

病菌散播。

當你咳嗽和打噴嚏時，要用手臂或紙巾**遮蓋嘴巴**。如果你用手遮擋，你的手會布滿病菌，觸摸物件時便會散播病毒。

病菌無法在物件表面**存活**太久，不過保持物品清潔來清除病菌仍很重要。

疫苗的勝利

疫苗有助保障全球民眾**免受特定疾病侵害**。有時候，疫苗也能夠徹底消滅疾病。

在18世紀，天花病毒每年令大約40萬人死亡。一位名叫愛德華・詹納的英國醫生發現一些農夫曾感染過一種較溫和、稱為牛痘的同類疾病，這些人之後便對天花免疫。

疫苗如何運作

疫苗能夠指導體內免疫系統**擊退病菌**。如果免疫系統未來再遇病菌，便能夠辨認出來並消滅它們。

第一種疫苗

1796年，愛德華・詹納（Edward Jenner）醫生利用較溫和的同類疾病**牛痘**，發明出針對天花的疫苗。這是世界上第一種廣泛使用的疫苗。

擴散全球

疾病在人類歷史中從未缺席。它們從小社區中的**流行病**越演越烈,演變成擴散到多個國家的**全球大流行**。但科學家**製造疫苗**,便能保護我們的身體免受病菌侵襲。

鼠疫是由跳蚤叮咬來傳播細菌的疾病。它在14世紀中葉導致5,000萬人死亡。

老鼠身上的跳蚤會傳播鼠疫。

一種名為**西班牙流感**的嚴重流行性感冒,在1918年摧毀了全世界3%的人口。

2019新型冠狀病毒病在2019年底開始全球大流行。一年內,科學家已研發出疫苗,有助保護人體,避免出現病毒引發的嚴重症狀。

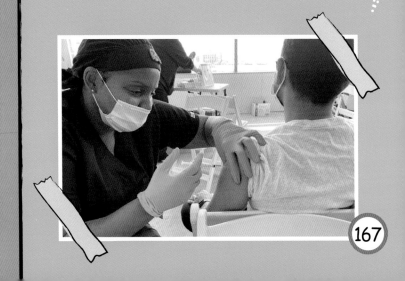

哈——哈——
哈哈哈啾！

過敏全面睇

你的身體系統會辛勤工作來**保護**你。不過有時候最小、最出人意料的東西會在體內引發重大的**反應⋯⋯**

致敏原

導致**過敏反應**的物質稱為致敏原，這裏有一些例子：

動物

有些人會對**動物毛髮**過敏。他們在某些動物身邊時要特別小心。

塵埃

對某些人來說，塵埃裏的**小蟲子**可能會導致打噴嚏、眼睛疼痛，或者流鼻水。

過敏反應有機會很危險。它們可能令人呼吸困難，所以要到醫院求醫。

過敏防護

過敏是沒有徹底的治療方法的，因此過敏的人應該**避免接近**任何致敏原。如果真的出現輕微過敏反應，亦可以用**藥物**治療。

過敏反應

免疫系統通過對**有害病菌**作出反應來保護身體。不過如果免疫系統對一些無害東西作出**反應**時，便可能引發過敏反應。

温和反應

有些過敏反應是温和的，只會導致身體腫脹和疼痛。像**咳嗽**、**打噴嚏**、**皮膚或眼睛紅腫**都是典形的反應。

嚴重反應

面對嚴重過敏反應，有些人會使用特殊的注射器，**注射腎上腺素**到體內。這只會在緊急情況下使用。

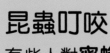

食物

花生、**甲殼類動物**和**乳製品**等食物都有可能引起過敏反應。

昆蟲叮咬

有些人對**蜜蜂**和**黃蜂**的螫刺過敏，這可能令他們呼吸困難。

藥物

有些人不能服用某些藥物，因為可能使他們出疹、腫脹，或者呼吸困難。

花粉症的季節

對許多人來說，夏天就是打噴嚏的時節。**温暖的天氣**標誌着花粉症季節開始。幸好，你可做些事情來讓自己舒服一些。

植物花粉

花粉是一種**塵狀粉末**，由草、樹木和花朵產生。在**乾燥、炎熱的日子**裏，空氣中較多花粉，而**大風**的日子就更多花粉了。對於患花粉症的人來說，這段時間可能很難受。

空氣中的花粉

花粉

患花粉症的人可在網上查閱花粉指數。花粉指數越高，空氣中的花粉便越多，也更大機會觸發花粉症的症狀。

哮喘病發

花粉症等過敏可能引發稱為**哮喘**的呼吸問題，會令人呼吸困難。哮喘病人在病發時，可以使用**吸入器**。

對花粉**過敏的情況稱為**花粉症。症狀包括流鼻水、喉嚨痕癢、乾咳、流眼水和打噴嚏。

好消息！

大部分患有花粉症的人會發現，隨着年紀漸長，相關的症狀會**慢慢改善**——大約20%病例的過敏反應更完全停止。

小貼士

以下是對抗花粉症的最佳方法：

- **佩戴太陽眼鏡**防止花粉進入眼睛。

- 如果你忍不住揉眼睛，記得**勤洗手**。

- 花粉指數高時盡量**留在室內**。

- 晚上**關上睡房的門窗**。

- **花粉會黏住衣服**，因此放學後要**淋浴或清潔身體**，並換上乾淨的衣服。

- 在鼻子周圍**塗上潤膚露**，以緩減疼痛和不適。

- **抗組織胺**是有助紓緩花粉症症狀的藥物，你可以在藥房買到。

食物走錯路

你試過**吞嚥**時，食物去了錯誤的地方嗎？當你吃喝的食物或飲品**轉錯了路**，走進不同管道時便會發生這種情況。

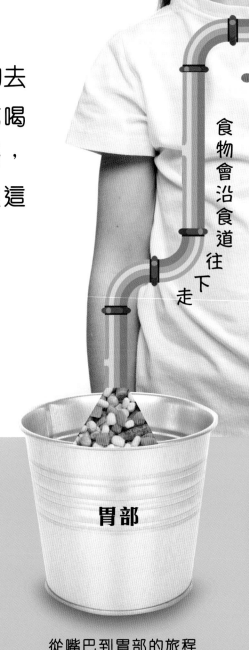

食物會沿食道往下走

空氣會沿氣管往下走

胃部

肺部

你的身體裏

有兩條管道會從你的喉嚨開始往下延伸。食物和飲品會進入**食道**，再前往胃部；空氣會從**氣管**進入肺部去。

從嘴巴到胃部的旅程只需要7秒。

當食物走錯管道，會迅速被咳出去！

食物封蓋

在**喉嚨後面**有一塊細小的蓋，每次吞嚥時，它都會蓋住氣管，防止食物或飲品走進氣管。

這個蓋子偶爾會失靈，令食物、飲品或口水滑過它並進入氣管，可能會令氣管內堵塞，也會令人開始窒息。

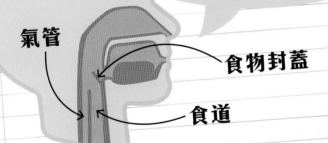

氣管

食物封蓋

食道

不停咳嗽

如果你的氣管被**堵塞**，身體會以**劇烈的咳嗽**來清除堵塞物。咳嗽的力量會令被吞下的食物或飲品沿**氣管**往上走，離開嘴巴。你的呼吸其後便會回復正常。

喉嚨痛

兒童常常會喉嚨痛，這大多由**病毒**引起的。如果你覺得喉嚨痛，就要喝大量水、吃軟軟的食物和多睡覺。這樣，喉嚨痛在數天後便會消失無蹤。

如果有人哽噎窒息，**試試用力拍打他的背**。這有助令喉嚨中的堵塞物移開。

警告！

肚子痛

大部分人都知道**肚子翻騰**
疼痛的可怕感受，一起來看看你
體內可能在發生什麼事吧！

感到噁心

你可能因為**各種各樣的原因**
而覺得不舒服，包括：

進食了未經適當烹調或者
過期食物而**食物中毒**。

舟車勞頓導致的
動暈症。

吃太多令你的肚子
超出負荷。

你接觸了某種**病毒**。

進食了身體無法處理的食物，例如奶製品或含有穀麩蛋白的食物。

對某些事情感到**擔憂**或緊張。

肚子出問題

平日胃部是一個愉快的地方，因為裏面充滿食物，讓身體保持強壯健康。不過如果**胃壁**受刺激，你便可能感到噁心。

嘔吐的徵兆

你會產生更多**唾液**，渾身冒汗。你開始覺得自己可能要吐了。腹部肌肉會開始動，身體開始用力起伏。

吐出來！

嘔吐是身體的自然反應，是無法制止的。嘔吐物會沿着食道往上湧，並從口中噴出來。

法國人米歇爾·洛蒂托（Michel Lotito）擁有世上最強壯的胃。他吞過玻璃、金屬和橡膠，但從不會感到不適。洛蒂托還咀嚼過單車、購物車和小型飛機，但小朋友切勿在家中模仿！

把嘔吐物排出比留在體內好。一旦清除引起不適的東西後，肚子便平靜下來。最好喝口水，睡一覺，數小時後才再次進食。

太陽下的安全措施

燦爛的陽光與**湛藍的天空**能夠讓我們心情開朗，感到快樂。不過，太陽也會帶來**傷害**，因此要提防樂極生悲呀！

SPF 50

防曬乳

小心！無關膚色深淺，每人都有機會被太陽曬傷，這就是為什麼塗**防曬乳**如此重要。要得到最強保護，便要使用SPF（防曬指數）50的防曬乳了。

維他命D

陽光可讓皮膚製造維他命D。這種維他命在各方面都對你有好處，它有助身體吸收食物的**鈣質**，保持**骨骼**和**牙齒健康**。許多人還會額外服用維他命D藥片。

曬傷

曬傷會令皮膚感到**疼痛**。最嚴重的是，陽光中的**紫外線（UV）會破壞皮膚細胞**，導致身體未來出現問題，因此在太陽下要小心呀。

中暑

留在太陽下太長時間會有危險。熱衰竭會導致**頭痛**、**噁心**和**暈眩**。這可能引發中暑，需要入院治療。

重要提示

這是天氣炎熱時你的自我保護清單：

- 如果太熱，應找陰涼的地方暫避。
- 避免在一天中最炎熱時在太陽下曝曬。
- 飲用大量清水以保持涼快。
- 穿淺色、寬鬆的衣物。
- 戴上太陽眼鏡和太陽帽。
- 定期重新塗上防曬乳，尤其游泳期間。
- 炎熱的日子裏，即使打開了車窗，也切勿將寵物留在車中。

疼痛的螫刺

蜜蜂是非常**勤勞的工人**，肩負了許多工作。如果牠受驚嚇，可能會**螫傷**人類，這是蜜蜂高呼「**離我遠點！**」的方式。

蜜蜂會螫人是為了自衛，免受威脅。

辛勤工作

蜜蜂會在植物上**採集食物**。這就是當我們走到滿是樹木和花朵的**公園**或**遊樂場**時，常常看見蜜蜂出沒的原因。

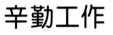

蜜蜂會跳特殊的舞蹈來讓其他

警告！

蜜蜂有尖銳的刺，當牠感到**受威脅**，便會用刺來螫進襲擊者身體。蜜蜂刺含有**毒液**，雖然那是較溫和的毒素。

單次使用

黃蜂的刺能夠**反覆**螫人，但蜜蜂不能。蜜蜂只可以螫刺敵人一次，因為牠們的刺在使用過後便會**馬上脫落**。

過敏

對昆蟲**螫刺過敏**的人一旦被刺傷，或會出現嚴重反應。如果他們出現如呼吸困難、**昏厥**或**嘔吐**等反應，便需要立即去**看醫生**。

蜜蜂知道牠們找到新花朵。

哎呀！

被**蜜蜂螫刺**後，受傷位置可能會很疼痛並留下紅印，皮膚也會**腫**起來。這通常隨時間流逝而**痊癒**。

藥物治療

抗組織胺是一種**藥物**，有助消退蜜蜂螫傷引起的腫脹，也有助**減輕**受傷後的**痕癢**。

血液可能被困住，變成肉眼可見的痕跡，而且觸碰時會感到疼痛。

又黑又藍

瘀傷會令你的皮膚變成一片黑一片藍的——甚至變成**彩虹**的**顏色**！但瘀傷到底是什麼呢？

瘀傷背後

任何撞擊或碰撞都會在皮膚留下痕跡，衝擊引致的傷害會導致皮膚下的血管破裂和滲血。

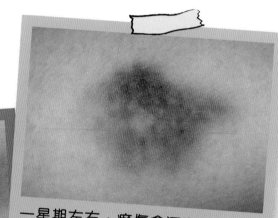

一星期左右，瘀傷會逐漸變淡，並隨着血液被吸收回體內而變成黃色或綠色。

一天後，瘀傷真正顯現出來，有些情況下它會變成藍色或黑色。

血液最初滲至皮膚下面，瘀傷看上去是紅紅紫紫的。

大約兩星期，這道彩虹就會消失無蹤，你的皮膚便回復如初！

長者較容易出現瘀傷，因為他們的血管比較脆弱。

如果你撞瘀了，可以用布裹着冰塊，敷在受傷的地方上紓緩痛楚。

血友病病人較容易撞瘀。

大片的瘀青

任何人都會撞瘀，不過瘀傷在淺膚色的人身上較為顯眼。有些人會較容易有瘀傷，可能他們的**皮膚較薄**，或是有某些健康問題。

保持冷靜

你平日只需**放慢速度**，減少意外發生，就能避免撞到並出現瘀傷。如果你要騎滑板車、踩滑板或騎單車，記得穿上保護裝備，例如頭盔、護膝和護肘。

格外留神

血凝塊是指**血液凝固成一塊**，用來防止過多血液從傷口流出。患血友病的人身體血液無法正常凝固，因此他們流血的的時間會較長。

割傷和刮傷

哎呀！即使傷口很小，當皮膚被割開也會感到疼痛。身體通常能夠自行治好傷口，可防止過多血液流失和身體受感染。

很痛啊！

皮膚裏的痛覺感受器（神經末梢）會在皮膚受傷後啟動。它們會透過神經傳送資訊告訴大腦：身體出問題了！

痛覺感受器

1

流血的傷口

皮膚裏布滿了血管（輸送血液的管道）。當皮膚被割傷就會流血，因為裏面的血管受損了。

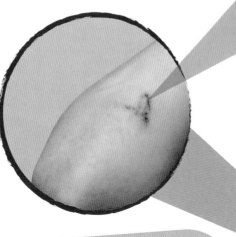

嗚嗚！

人們感受痛楚的程度各有不同，有些人對痛楚比較敏感。

3

清理傷口

所有傷口都必須保持潔淨，才可防止感染。可請成年人幫忙用清水洗傷口，並貼上膠布或紗布。

4

血小板　　　　　　　紅血球

白血球

纖維蛋白

制止流血

當皮膚破損時，血小板會湧到傷口，並凝結成塊。它們會製造一種名叫纖維蛋白的物質，來封住傷口。

5

傷口結疤

血凝塊會漸漸變乾形成一塊痂。它又硬又會發癢。但不要把痂撕走，因為它在皮膚復原期間會保護傷口！

6

白血球

完全康復

身體會修補破損的皮膚。有些細胞會分裂並形成新皮膚，而白血球會確保身體不受感染。

傷疤會在傷口復原的位置形成，它們有不同形狀和大小，是舊傷口的痕跡。傷疤組織比正常皮膚組織脆弱，它就像在訴說身體自我修復的故事。

以前的膠布由植物、草藥和泥土製成。

斷裂的骨頭

骨頭斷裂時可能非常疼痛，不過是能夠治好的。只要固定好斷裂的位置並給予足夠的時間，骨頭就能夠**自行癒合**。

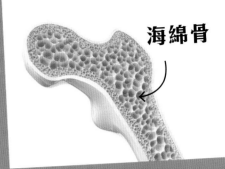

海綿骨

有些人的骨頭很脆弱，較易折斷。這是骨質疏鬆症，患者的海綿骨內部會變得易碎。骨質疏鬆症有許多成因，包括基因遺傳、身體老化，或飲食缺乏重要的維他命。

腫脹瘀青

當骨頭裂開或折斷，受傷位置便會腫脹和瘀青，而且非常疼痛。那是因為**體液滲漏**到它不應該去的地方！

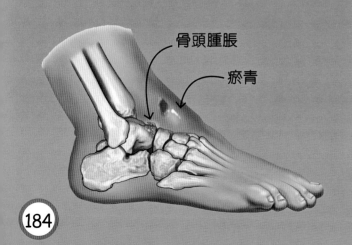

骨頭腫脹

瘀青

血凝塊

血液通常會在骨折傷口附近凝結，以助止血。新的骨細胞會在這裏**填滿斷骨的空隙**，這個過程可能需時達12個星期。

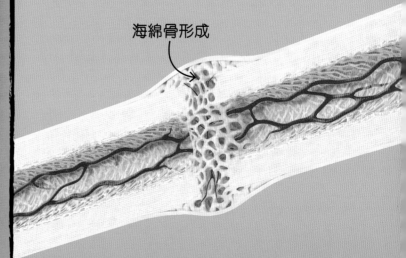

海綿骨形成

打石膏

如果你有骨折，便需要打石膏。它由繃帶和堅固的石膏製成，能防止受損骨骼和周圍的組織移動，讓斷裂部位有**足夠時間痊癒**。

人們打石膏後，朋友和家人常常在上面簽名或者**畫畫**！

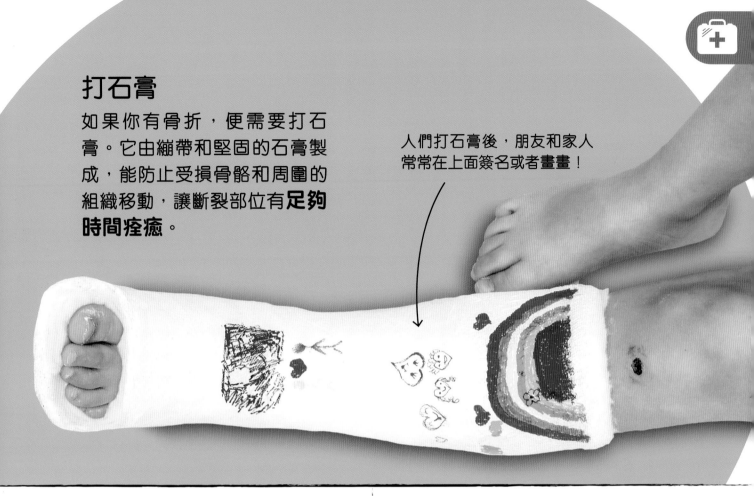

伸出援手

有時候斷骨可能以異常的角度凸出來。這時需要醫護人員協助，將骨頭放回正確位置。然後要打石膏，**固定骨頭**來等待癒合。

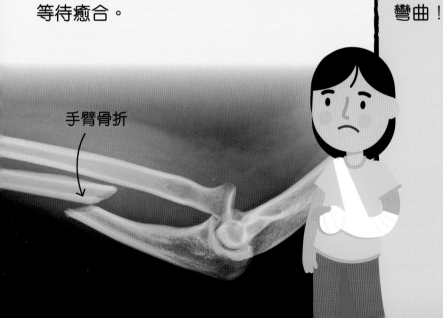

手臂骨折

不完全骨折

這是指骨頭裂開但沒有折斷。這種骨折常見於兒童，因為年幼的骨頭較易彎曲！

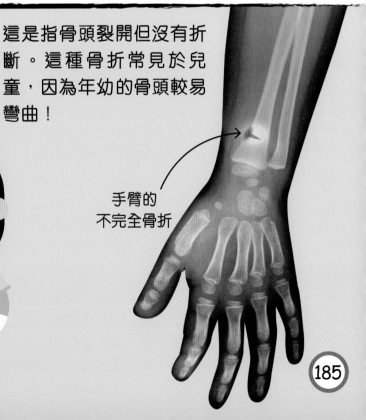

手臂的
不完全骨折

拯救生命的發現

　　有時候只需一個**絕妙的想法**，就能創造出一種**良藥**，拯救全球各地數以百萬計人類的生命。就例如這些……

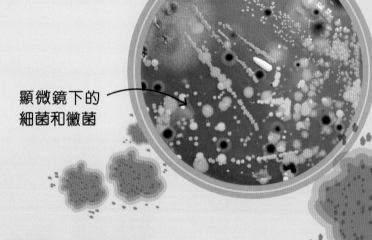

顯微鏡下的
細菌和黴菌

意外發現的抗生素

能**對付細菌**的藥稱為抗生素，它幫助了全世界的人。不過蘇格蘭科學家弗萊明爵士（Alexander Fleming）卻是意外發現抗生素！

「有時候，人們在尋找某些東西時，會偶爾找到意料之外的東西。」
——亞歷山大·弗萊明爵士

發霉的里程碑

在1920年代，弗萊明將一些細菌遺留在他的實驗室裏。當他回到實驗室，發現細菌被黴菌重重包圍，而黴菌裏的化學物質正**殺死細菌**。

威力強大的盤尼西林

弗萊明的發現令世上第一種抗生素——盤尼西林得以面世。盤尼西林如今仍是對付細菌感染的**常見藥物**。

培養皿裏的樣本
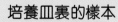

弗萊明和屠呦呦都先後獲得了

帶來毀滅的疾病

中國化學家屠呦呦專門研究**瘧疾**的可怕影響。這種疾病會透過蚊子叮咬來傳播，數以百萬計的人已因此病喪生。

青蒿

植物的力量

屠呦呦在1960至1970年代鑽研傳統醫藥期間，遇上青蒿這種植物，她發現青蒿含有能夠**治好瘧疾**的化學物質。屠呦呦也是第一個親自試驗自己的瘧疾療法的人。

「每個科學家都夢想做些對世界有幫助的事情。」
——屠呦呦

瘧疾藥物

屠呦呦的瘧疾藥物在亞洲、非洲和南美洲廣泛應用，這些地區有**數以百萬計的人**受瘧疾影響。

諾貝爾生理學或醫學獎。

好好生活

要維持最佳狀態，你需要由內到外好好**照顧自己**。不同食物、活動、遊戲、休息和放鬆，都有助你的身體保持在最**強壯健康**的狀態。

飲食想一想

食物是生命中的重大樂趣之一，它讓你感到愉快，而且身體會健康。**多元化**、**均衡**的飲食不僅美味可口，也是維持你身體運作時必不可少的。

咕嚕作響的肚子

當你肚餓時，肚子會不會咕嚕咕嚕地叫呢？胃下方的腸道裏面有空氣、食物和液體通過。當你一段時間沒有進食，腸裏的**聲音**就會**容易被聽見**，因為你的肚子裏沒食物來減弱腸內的聲音。

吃飽了

成年人的肚子能夠容納多達4公升的食物，不過這是極限了！當你吃了一頓大餐後，食物會**撐開肚皮**。如果覺得不舒服，那你已吃得太多了！

人一生中平均會吃下約40噸食物——那是一頭抹香鯨的重量！

不要浪費

世界上大約有**三分之一的食物**被丟棄到垃圾桶裏。要減少浪費，記得不要在餐盤上放置超過你實際需要的食物。你也可以嘗試了解怎樣運用廚餘，例如用作**堆肥**。

強壯的胃部

你的胃部會製造非常強烈的**酸**。這種酸十分強，能把食物中有機會進入身體的**有害細菌**殺死。

甜蜜誘惑

許多人都喜愛含糖分的零食，不過切記不要吃太多或太頻密。吃太多糖對**身體和牙齒**都有害處。

認識**你的食物**

你**最喜歡的食物**是什麼？你知道它們如何幫助你的身體嗎？不同種類的食物會以不同的方式提供營養給身體。

連皮吃蔬果更有益，果皮充滿了維他命呢。

蔬菜和水果

蔬菜裏含有纖維，有助保持腸道良好運作。

蛋白質

不同維他命有不同的功效。例如維他命A便有助眼睛看得更清楚。

蔬菜與水果

健康飲食中每天都應包含**5份**蔬菜與水果。進食**不同顏色**的蔬果有助身體攝取足夠維他命，不論是新鮮的還是冷藏的蔬果也同樣有益呢。

蛋白質

肉類、魚類、蛋類、豆腐、堅果、豆類（例如鷹嘴豆）等都含有蛋白質。蛋白質有助**製造**和**修復**細胞。每天進食蛋白質十分重要。

盡量**飲食均衡**，進食

碳水化合物

米飯與意大利粉等食物由碳水化合物組成。它們為我們提供**能量**，碳水化合物應該佔每天的正餐的三分之一。

碳水化合物

乳製品

身體也需要一點點脂肪。脂肪可在許多食物中找到，例如油和芝士。

設計餐單

你能夠設計出美味的一餐，當中包羅所有食物種類嗎？你會加上什麼食物來確保飲食均衡？

糖在我們日常飲食中自然地存在，例如水果就有天然的糖分。我們的身體不需要攝取餅乾和蛋糕等食物的額外糖分！

乳製品

由牛奶製成的食物，例如乳酪，就是乳製品。乳製品含鈣質，能夠保持**骨骼**強壯。而其他替代品，例如燕麥奶也很有益。

包含每個類別的食物。

有益的運動

運動不論對**身體**還是**心靈**都很有益處。運動令血液輸送到肌肉和器官，為所有細胞帶來新鮮氧氣。

如果你經常運動，記憶力會有所改善。

麥片裏的燕麥既有碳水化合物，又有蛋白質。

食物

運動所需要的**能量**來自食物。運動後進食也很重要，能為身體**補充能量**。你的身體需要蛋白質（肉類、蛋類和堅果）和碳水化合物（麵包、豆和米飯等）這些養分。

194

運動的益處：

促進血液流動

運動時，身體器官會得到較佳的血液供應。這可持續數小時，因此即使停止運動後一段時間，仍有助身體有效地運作。

血液流動

運動可以非常簡單，例如和好朋友一起玩遊戲。

保持健康

運動是健康生活的其中一環，它能幫助你**睡眠**得更好，保持身體**強壯**和**靈活**。運動更能使心臟在一段時間內跳動得更快更有力，對保持心臟健康很有好處。

肌肉

經常使用你的肌肉能令它們保持結實，這代表肌肉可維持在**良好狀態**。肌肉細胞變大，肌肉就變得更強壯，肌肉之間的神經連接也會改善呢。

如果你經常運動，免疫系統便能保持健康，這樣你就能夠迅速對抗感染。

195

該睡覺了，瞌睡蟲

一夜好眠對於確保身體得到**休息**與**修復**是不可或缺的。如果缺乏睡眠，人們會感到疲倦、糊塗、易怒和善忘。那麼，**晚安啦！**呼嚕呼嚕……

初生嬰兒每天睡眠時間長達18小時，不過隨着他們長大，睡眠時間便會減少。

幼兒

12 小時

較年長的兒童

10 小時

成年人

8 小時

長者

6 小時

你能相信人類一生中平均有三分之一的

有些人覺得漆黑的環境很可怕，不過這對良好睡眠來說很重要。光線會令身體以為是時候起牀，要好好睡覺的話最好讓睡房保持黑暗。

我長頸鹿每天只睡兩小時也能生存。

因為樹熊的食物能量很低，所以牠們每天要睡22小時。大象只睡兩小時已足以生存。

好好睡覺

睡眠對身體來說，就跟**食物**和**水**一樣重要。沒有了睡眠，身體便無法好好生長，而腦部運作也會緩慢得多。那就是為什麼準時上牀睡覺是這麼重要！

小睡片刻

白天小睡一會也很有好處呢，它能讓你**增加能量**，幫助你的記憶更有效地運作。小睡對嬰兒和兒童尤其重要。

時間會用來睡覺嗎？

精神健康

精神健康影響我們的**思考**、**感受**和**行為**。跟照顧好身體其他部分一樣，維持精神健康是很重要的。

情緒

有**各種各樣感受**是很正常的。我們的思想會影響情緒，而我們的情緒會影響行為。大部分人在成年前都無法完全控制自己的情緒，因此有時候會產生與一般狀況不相配的情緒化反應。

焦慮

有時候你會**擔心**或是焦慮不安，這是很**正常**的。如果你覺得自己被憂慮困擾着，試試做些**你享受的事情**，將思緒帶離擔心的事物吧。

情緒波動

你有試過在上一分鐘仍然很**快樂**，但下一分鐘卻感到**生氣**嗎？這種情況稱為情緒波動，是很正常的。尤其在青春期，即荷爾蒙努力地協助身體生長的時候，更是常發生。

說出來

和別人分享自己的感受是很重要的。跟**其他人聊聊天會令問題沒那麼可怕**，也讓我們以新方式去思考問題。試試和你信任的朋友或家人談一談吧。

睡得好對情緒很重要。如果睡得不夠，
可能會變得暴躁。

荷爾蒙

這些來自腦部的**化學信使**會影響我們的情緒。多巴胺（**快樂的荷爾蒙**）會讓我們感覺良好。腎上腺素可以讓我們隨時狂奔！

情緒低落

偶然心情不好是很正常的。**運動**、聽**音樂**或者和朋友玩**遊戲**，都有助你心情變好。

運動後記得要吃東西來
為身體補充能量呀。

享受時光

你的嗜好是什麼？騰出**時間**做你**喜愛的事情**能令你集中注意力，感到**放鬆**及重拾精力。

動起來

體能活動可**輸送血液至腦部**，也會釋出令我們愉快的荷爾蒙。

談談你的身體

不論你的樣子如何，你的身體確實是**奇妙無比**的，你應該慶幸擁有它！

身體形象

「身體形象」指人們對自己身體的看法。有時人們希望自己擁有與原本不同的模樣，這想法總會令他們難過。**將自己與其他人比較**也會影響人們如何看待自己身體，讓他們認為需要改變自己才可融入羣體。

我為自己乾淨的牙齒感到自豪！

照顧好你的身體

透過均衡飲食、經常運動、充足睡眠，以及做些愉快的事情來保持身體健康，就是最重要的事。

忠於自己

有時候，我們在**電視**或**社交媒體**看見的影像都經過電腦修改。我們不應該將自己與媒體上看見的人互相比較，因為那些不一定是真實的！

清楚看見

擁有健康的身體形象，代表你嘗試接受並欣賞自己做到的奇妙事情——例如擁抱寵物，或是感受海浪。身體就是可體驗世界的出色工具！

如你不喜歡自己的體型，也不要吃太多或太少，因為兩者都會損害健康。

一起慶賀！

你喜愛自己外表的哪些地方？

我喜歡戴色彩繽紛的眼鏡！

我的雀斑能夠組成許多不同的圖案！

我愛我的頭髮！

尋找平衡

人天生就有**不同體型**，因此即使你比朋友長得胖或瘦，也不代表你是「太胖」或「太瘦」。你的家庭醫生能告訴你是否有健康的體重。

身體裏的小東西

人體是數以兆計**微小生命體**的家園，它們幫助**保持人體健康**。

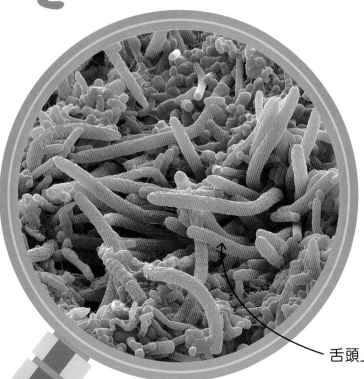

迷你小幫手

微生物是一些細小得肉眼無法看見的「小蟲」。有害的微生物如**病菌**，可能令我們痕癢或生病。不過，許多微生物都有助保持身體健康。

舌頭上的有益細菌

天生如此

你出生時便會獲得部分**微生物**，它們在你的**一生**中都在發揮作用，讓你健康。

名叫「蛭弧菌」的微生物能夠每秒鐘移動相當於自己身長600倍的距離。它是世界上移動速度最快的生物！

微生物羣落

在**腸道**裏面，存在了一個微型的世界，這稱為**微生物羣落**。這裏的微生物會對抗疾病，協助**消化**食物，並製造重要的**維他命**。進食不同種類食物有助保持微生物羣落健康。

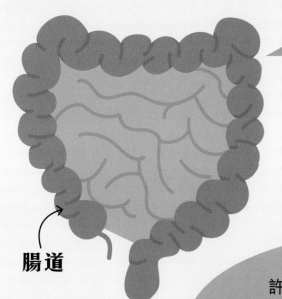

腸道

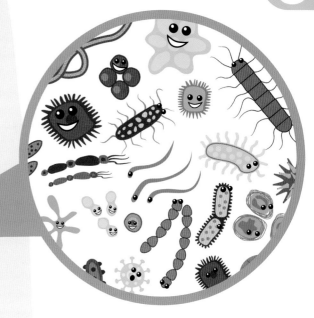

微生物也許細小，但牠們能在任何環境裏生存——包括人體內、海底。

許多**有用的微生物**也會在人體外生存。有些會吃掉死去的皮膚細胞、有些則能讓眼睫毛保持健康，讓人們看起來神彩飛揚。

主廚

食物裏有害的微生物會令我們想吐。不過有些**有益微生物**其實可製造**美食**供人們享用。微生物與食物產生反應的過程中，令我們獲得**麪包**、**乳酪**和**芝士**。

203

驅逐作戰

病原體是一種會引致**疾病**、肉眼無法看見的微小生命體。這些麻煩製造者包括了有害的細菌、病毒和真菌。身體即使面對最小的壞蛋，也有許多方法去**保護自己**！

防禦機制

　　有害的病菌（即是病原體）喜歡像人體般溫暖潮濕的地方。不過由細胞和器官組成的**免疫系統**能夠**保護身體**，對抗這些細小的入侵者。

鼻涕（黏液）會將骯髒的東西困住，

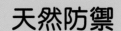

天然防禦

皮膚是身體第一道防線,可阻擋病原體進入身體;眼淚和口水等**體液**有抗菌功能;胃酸能夠殺死進入胃部的病原體;體溫升高也有助身體**殺死病菌**。

細胞防衛大軍

身體裏有許多特殊防衛細胞以不同方式**保護**身體。有些細胞會在體內巡邏,打倒入侵者。有些細胞會吞噬病原體!其他細胞則會製造**抗體**——能消滅體內不速之客的蛋白質。

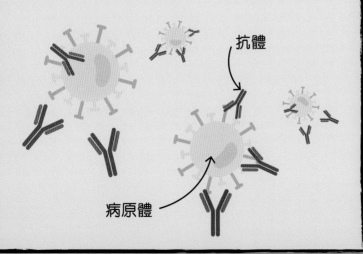

抗體

病原體

伸出援手

就像其他**身體系統**一樣,有時候免疫系統亦會脫軌運作,可能影響不同器官運作。這樣,免疫系統便需要**額外醫療協助**,例如使用藥物或物理治理。

因此病原體也會被黏住。

安全至上

這些有用的小貼士有助你做好準備，**處理緊急狀況**，確保所有人在家中都**安全**。

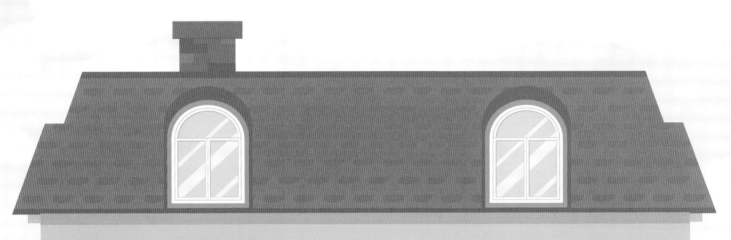

健康家居

家中的成年人有責任確保家居**安全整潔**，不過你也能協助你的家維持安全整潔：

確保連接着電子儀器的電線繞好後，放在一旁，好讓家人不會被電線絆倒。

睡牀與睡房門之間的通道要暢通無阻，晚上就不會被雜物絆倒。

不要進食已過期，或者是來歷不明的食物或飲品。

玩完玩具後要收拾好。如果家裏有嬰孩或幼童，就更要留意了，因為他們可能會把細小的玩具放進嘴裏。

不要將玻璃杯和碟子放在桌子邊緣，以免它們摔破。

不要在樓梯跑來跑去，如果有扶手，走樓梯時應該握好。

別跟陌生人說話

如果有人跟你説或做了些令你覺得不舒服的行為，記得告訴信任的成年人——不論是發生在網絡還是現實生活中。

如沒有得到成年人批准，絕對不要打開任何瓶子、玻璃樽或容器。

危險情況

如果你發現自己身處**危險的情況**，請跟從安全指示，以及聽從可信任的成年人指示，找出應做什麼。如有**安全標誌**和指引的話，便按照它們行

危險地帶

清潔用品充滿**化學物質**，使物件免受有害病菌沾染。不過如果你直接觸碰清潔用品，這樣會**對身體有害**。以下附有圖畫的標籤可讓人知道哪些產品有危險，以及危險原因。

可能會着火

可能損害皮膚

有毒

一般警示

對環境有害

交通安全

在過馬路前，要等綠燈亮起，並看清楚左右兩邊才前進。不要在馬路或附近奔跑，如果你攜帶了物件，記得拿好它，讓它不會掉在繁忙的馬路上。

全副武裝

急救箱是必備工具，專門護理與治療在家中發生的**小意外**與**傷患**。來看看急救箱裏面有什麼東西有用吧。

緊急情況：

緊急服務、親屬和本地醫生的聯絡電話。

急救手冊

健康與衞生：

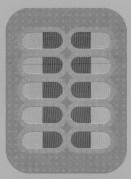

止痛藥
（但是阿司匹靈不適合16歲以下人士使用）

好好記住父母或監護人的手提電話號碼，還有自己的住址。這些資料在緊急情況下非常有用。

即棄手套

清潔濕紙巾

割傷和擦傷：

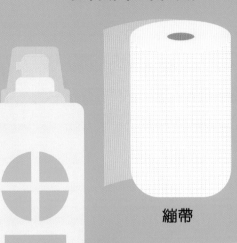

殺菌藥膏

繃帶

膠布

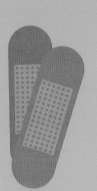

無菌紗布敷料

有用工具：

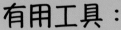

安全扣針

剪刀

37.0℃

體溫計

皮膚疼痛與蚊叮蟲咬：

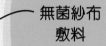

過敏藥膏或藥物

處理碎片：

小鉗子

除非是由值得信賴的成年人提供，否則絕對不要服用任何藥物。藥物被錯誤的人或以錯誤方法服用都很危險。

分辨**真假**

有些藥物非常危險，尤其是假藥。非洲有一羣女孩便發明了一個聰明的方法來分辨假藥！

Team Save-A-Soul的成員：普羅米斯·娜盧埃、維維安·奧科耶、阿達埃澤·奧努伊格博、謝茜卡·奧西塔和努瓦布阿庫·奧斯薩伊。

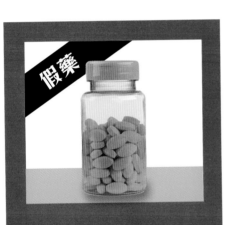

偽冒商品

藥物是非常重要的資源。有些不法之徒會製造偽冒、廉價的藥物，用來出售以謀取暴利。

迎接挑戰

創新科技環球挑戰賽（The Technovation Challenge）是一項專為8至18歲女孩而設的比賽，比賽的目標是利用科技來解決問題。來自尼日利亞的5個女孩決定創造一個應用程式，避免人們不小心購買到危險的假藥。

從零開始

這羣女孩組成隊伍Team Save-A-Soul，她們從零開始學習如何編寫流動應用程式。她們設計的程式FD-Detector能讀取藥物上的條碼，查核藥物是否真貨。如果沒有可靠資料，藥物便會被丟棄。

止痛藥是全世界銷量最高的藥物。

挑戰冠軍

她們的努力獲得回報，Team Save-A-Soul 成為2018年創新科技環球挑戰賽的勝出隊伍之一！團隊所有成員都決定升讀大學繼續學習，讓世界變美好。

小心

如果你覺得不舒服或者疼痛，記得絕對不要自行服用任何藥物或止痛藥，除非那是由值得信任的成年人給你的。藥物對某些人來說是安全的，但對其他人就可能有害。

看牙醫

牙醫知道如何保持**口腔**和**牙齒**健康。有時候，牙醫甚至只需望進你的口腔，檢查牙齒，便能知道你身體的其他部分是否健康呢！

每天刷兩次牙能保持牙齒健康。這也能令牙醫的工作更輕鬆！

護目鏡

戴上它能保護牙醫的眼睛，避免沾上濺起的液體。

張開嘴

牙醫會檢查你的牙齒與口腔，確保它們狀態良好。他們能夠告訴你是否**吃太多糖**，或者有否正確刷牙；他們也能夠治療你的問題，例如蛀牙。

抽吸器

這種機器會發出嘈吵的聲音，不過它只是在吸走你嘴巴裏的唾液，讓牙醫能看得更清楚。

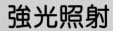

口腔鏡

這面小小的鏡子讓牙醫能夠看見牙齒的角落。

強光照射

牙醫會用射燈來看清楚口腔內部。

牙齦與舌頭

牙醫也會檢查牙肉、舌頭和口腔。太光滑或太粗糙的舌頭意味着身體缺乏了重要的維他命。

X光

X光能夠顯示你所有牙齒——連未長出來的牙齒也能看見。

牙科探針

用來探視每顆牙齒周圍，讓牙醫判斷牙齒和牙肉是否健康。

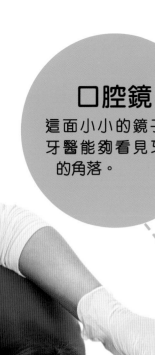

針筒

在部分個案中，可能需要用針筒注射麻醉劑，它會令你的嘴巴麻木，當牙醫處理牙齒時，你不會有任何感覺。

身體檢查

假如你不舒服，請**醫生**為你檢查身體來找出問題吧。醫護人員會利用**特殊設備**來檢查你的身體機能，並找出令你身體感覺舒服些的方法。

耳鏡

這種工具附有明亮的燈光，以助醫生查看耳道和耳膜。醫生便可判斷耳道內有沒有耳垢影響聽力。

說「呀」

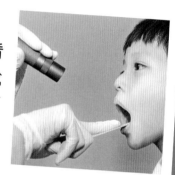

張大嘴巴能讓醫生看見口腔和喉嚨。說「呀」時口腔的上顎會升起，令醫生更容易看見裏面。

聽診器

這個儀器用於聆聽胸腔的聲音。醫生能夠聽到心臟和肺部運作時的聲音，檢查它們是否運作良好。

醫生做什麼

醫生會確保人們的身體健康。如果他們認為有些不妥，就會像偵探般，找出身體有什麼地方**出了問題**，並嘗試將它**處理好**。

聽診器

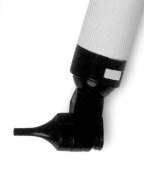

體溫計

體溫計能量度體溫，正常體溫應是約攝氏37度。體溫計有不同種類，如電子體溫計、紅外線體溫計和水銀／酒精探熱針。

電子體溫計

脈搏

量度脈搏即量度每分鐘心臟跳多快。醫生可能會將手指放在手腕上或者以機器量度，脈搏在身體許多不同位置都量度到。

視力

閱讀驗眼圖上各大小字母能測出你的視力。視光師（眼科專家）也會請你用眼睛跟隨他們手指來移動，這用於測試眼部肌肉。

身高尺和磅秤

身高尺可以量度身高，而體重磅則量度體重。量度這兩項有助醫生了解你身體的成長狀況。

太空醫生

　　對許多人來說，去看**醫生**檢查身體是輕而易舉的事。不過試想像，當你已**出發前往太空**，身體開始疼痛，這時你便需要給塞尼娜‧奧農－錢塞勒醫生（Serena Auñón-Chancellor）打電話了！

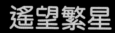

遙望繁星

塞尼娜‧奧農－錢塞勒醫生在美國長大，她的夢想是**成為太空人**。

致電回地球

她的第一份工作，就是擔任國際太空站(ISS)工作人員的**醫生**。有健康問題的太空人會與身處地球的塞尼娜醫生聯絡。

喜上雲霄

2018年，塞尼娜醫生在國際太空站裏停留了6個月，她在太空裏繼續進行醫學調查與研究。

腳踏實地

回到地球後，塞尼娜醫生參與了阿提密斯計劃（Artemis program）。那是一個國際太空計劃，目標是**在月球上建立太空站**。她亦正研究能否在太空**栽種食物**。她目前在路易斯安那州立大學醫學院擔任副教授。

> 我曾參加美國太空總署（NASA）的太空訓練營，會教導年輕人有用的科學技能。

醫生出動！

有些醫生在非常**極端的環境**裏工作，例如：

潛艇。通常裏面只有一位醫生，負責照顧**船上數以百計的病人**。

南極。駐守研究站的醫生會**協助站內的科學家**，並進行醫學研究。

滑雪度假村。急症醫生會在陡峭、冰天雪地的山坡上照顧傷者。

人體詞彙

這本書出現了很多關於人體的詞彙。有些詞彙可能比較艱深，如你被它們難倒，便在這裏查看一下吧。

四畫

化學物質 Chemical
一種無法分解的物質，除非你將它轉變為其他東西，例如水和氧氣。

反射動作 Reflex
指我們不用思考便會做出來的動作，例如眨眼或打噴嚏。

六畫

肌腱 Tendon
肌腱是像繩一樣的組織，將肌肉與骨頭連接起來。

血小板 Platelet
當割傷流血時，血小板這種特殊血細胞便會凝結血液，以助封閉傷口。

血管 Blood vessel
將血液輸送到身體各部分的管道。動脈和靜脈是血管的種類。

九畫

重力 Gravity
一種將我們往下拉、讓我們留在地面上的力量。太空只有極低的重力，因此太空人會浮起來。

神經 Nerve
一種線狀結構，負責傳送及接收腦部與身體之間的電子信息。

十畫

病毒 Virus
一種微細的生物，能引致疾病。

脈搏 Pulse
脈搏是血液流遍身體時的規律節奏。在身體的不同部分都可以量度脈搏，包括手腕。

脊髓 Spinal cord
脊髓在腦部與身體其他部位之間傳送信息。

十一畫

動脈 Artery
將血液由心臟輸送到全身各處的血管。

基因 Gene
DNA的一部分，控制了人類或生物的外觀，以及如何生長。

細胞 Cell
人體裏最細小的結構，例如血細胞和骨細胞。

組織 Tissue
負責相同任務的細胞會聚集在一起，形成組織。

脫氧核糖核酸 DNA
存在於人類、動物和植物細胞裏的化學物質，它攜帶着如何生長的指令。DNA英文的全稱是deoxyribonucleic acid。

荷爾蒙 Hormone
一種化學信使，會在血液裏到處游走，影響身體的運作。

十二畫
唾液 Saliva
在口腔內形成的液體，能夠保持口腔濕潤，並使吞嚥較容易。

無線電波 Radio wave
一種看不見的波，能透過空氣傳送信號。無線電波可用於MRI掃描。

紫外線 Ultraviolet(UV)
來自陽光的射線，會破壞皮膚。

腎上腺素 Adrenaline
一種會在感受到壓力或刺激時分泌的荷爾蒙。它會令身體冒汗，心跳加速。

診斷 Diagnose
指辨別疾病。醫生、科學家和其他醫護人員會透過測試和檢查來診斷出人們患的疾病。

韌帶 Ligament
韌帶固定好骨頭，它們是堅韌又強壯的組織。

飲食 Diet
指人們進食的食物。健康飲食需要包含大量水果和蔬菜。

黑色素 Melanin
決定人們皮膚與頭髮顏色的物質。黑色素越多，皮膚的顏色便越深。

十三畫
感受器 Receptor
指的是神經末梢，能夠感受身體環境的變化，例如光或熱。

感染 Infection
指由病菌引致的疾病，例如傷風或水痘。

感應器 Sensor
感應器會對外間傳入的資訊，如光、熱或氣味等產生反應，並將資訊傳到腦部。

義肢 Prosthetic
由人工製的身體部件。如果失去了某身體部分，例如腿或手，便可用義肢來替代。

腺體 Gland
能夠產生一種或以上物質的一組細胞。腺體負責不同的工作，例如產生汗水。

障礙 Impaired
如果身體有障礙，代表着有某種殘疾，導致身體裏某些功能無法正常運作。

十五畫
適應 Adapt
指動物或植物隨時間改變，幫助自己在身處的環境中生存。

十六畫
器官 Organ
身體的一部分，各自有特殊職責。部分主要器官包括心臟、大腦和肺部。

靜脈 Vein
將來自全身的血液輸送回心臟的血管。

十七畫
營養素 Nutrient
食物中的物質，有助動物和植物生長。

黏液 Mucus
一種黏稠的液體，能保持鼻子濕潤，並且有助阻隔灰塵進入肺部。

中英對照索引

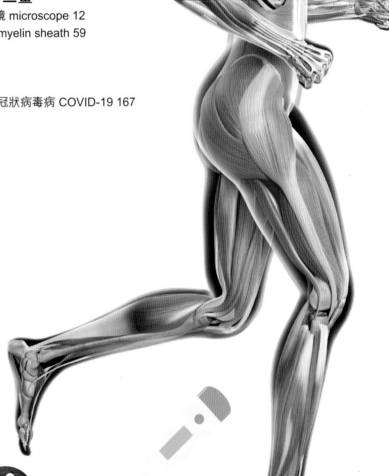

鳴謝

DK希望向以下人士表達感謝： Francesco Piscitelli for proofreading, Helen Peters for compiling the index, Vagisha Pushp and Rituraj Singh for picture research, Sif N ø rskov and Eleanor Bates for design assistance, and Abi Luscombe, Abi Maxwell, and Sophie Parkes for editorial assistance.

出版社感謝以下各方慷慨授權讓其使用照片：

(Key: a-above; b-below/bottom; c-centre; f-far; l-left; r-right; t-top)

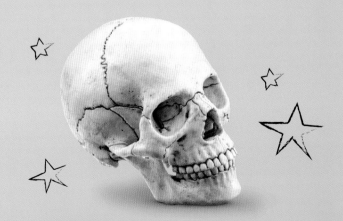